〔日〕伊东忠太◎著

杨田◎译

日本建筑小史

A Brief History of Japanese Architecture

U0273456

清华大学出版社

北京

图书在版编目（CIP）数据

日本建筑小史 / (日) 伊东忠太著；杨田译. —北京：清华大学出版社，2017
ISBN 978-7-302-42257-0

Ⅰ. ①日… Ⅱ. ①伊… ②杨… Ⅲ. ①建筑史－日本 Ⅳ. ①TU-093.13

中国版本图书馆CIP数据核字（2017）第283540号

责任编辑： 孙元元
装帧设计： 谢晓翠
责任校对： 王荣静
责任印制： 何　芊

出版发行： 清华大学出版社
　　　　　　网　　址：http://www.tup.com.cn,　　http://www.wqbook.com
　　　　　　地　　址：北京清华大学学研大厦A座　　邮　编：100084
　　　　　　社总机：010-62770175　　　　　　　邮　购：010-62786544
　　　　　　投稿与读者服务：010-62776969, c-service@tup.tsinghua.edu.cn
　　　　　　质量反馈：010-62772015, zhiliang@tup.tsinghua.edu.cn
印装者： 三河市春园印刷有限公司
经　销： 全国新华书店
开　本： 145mm×210mm　　　**印　张：** 8.5　　　**字　数：** 159千字
版　次： 2017年3月第1版　　　**印　次：** 2017年3月第1次印刷
印　数： 1～4000
定　价： 49.00元

产品编号：065335-01

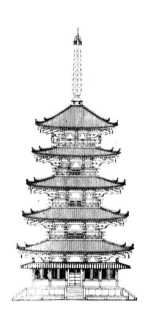

目录

日本建筑历经数千年，留下的优秀建筑数不胜数。但是，日本国民对古今建筑的认识却是浮光掠影。外国人也大都不了解日本建筑的实质，无视日本的优秀建筑文化。日俄战争以后，日本国民开始关注包括建筑在内的古代文化，觉醒的时机已经到来。

1

绪论

1.1 对于日本古今建筑的认识

盖凡世界各国各民族，开辟鸿蒙之初，必先解决衣食住之问题。"住"指的就是住宅建筑。日本自上古时代就已经出现了独特的住宅建筑，但遗憾的是，并无资料显示当时的住宅是什么样子，又是如何建造的。要想弄清楚这一切，我们除了依靠那些文献资料和旁证外，别无他法。

《古事记》[1]中有云，伊邪那岐和伊邪那美二神居住在八寻殿。八寻殿是个什么样子的建筑？"八寻"指的是具体的长度呢，还是单纯用来夸赞宫殿宏伟的用语？这一切，我们都无从得知。如果八寻殿指的就是长为八寻的宫殿，那就表明在当时已经出现了长度的概念。长度是建筑的根本，也就表明日本在开辟鸿蒙之初就已经出现了建筑技术的萌芽。

根据传说，手置帆负命和彦狭知命二神制定了长度单位。他们二位都是主持营造宫殿的木匠神，也就相当于我们今天的建筑学家。手置帆负命通过人体长度制定出长度单位。将手张开，拇指和中指之间的距离定为一个长度单位，大约相当于今天的六寸。因为是用手的长度制定的这一单位，所以被称为"手置"；

---

1. 编辑注：《古事记》是日本第一部文学作品，内容包括日本古代神话、传说、歌谣、历史故事等。和铜五年（712）1月28日，太安万侣将完成的日本古代史《古事记》献给元明天皇，为日本最早的历史书籍。从建国神话到推古天皇时代的事被记录进此书。

"帆负"是用来表示赞叹的感叹词，因此手置帆负命的字面意思，就是指用手来制定长度单位的神。彦狭知命的"彦"是对男子的通称，"狭"指的是尺寸，"知"是主管之意，所以彦狭知命的字面意思就是指主管长度单位的神。

那么，当时的长度单位又是如何确定的呢？握起的拳头的长度称为"一束"，一束约等于三寸，十束之剑就相当于三尺之剑。一束的两倍是六寸，被称为"一手"。一手的十倍是六尺，被称为"一寻"。我个人觉得将六尺定义为一寻较为合理，[2]高为一寻时，日本人站着走过去不至于碰着头，宽为一寻时，伸开双臂走过去不至于碰着手。

手置帆负命和彦狭知命所制定的长度单位被称为"天量"，被用于宫殿的营造。此外，二神还创造了家具、器物、矛、盾和其他工艺品。据传说，二神的子孙主持建造了神武天皇的橿原神宫。直到今天，在建造宫殿、神社和寺庙时，无论是奠基，还是上梁，都必须举行仪式来祭奠这两位神。

从"八寻殿"的字面上来看，日本在上古时代就已经出现了面阔八间的宫殿。在建筑上，日本喜欢"八"这个偶数，这和中国喜欢一、三、五、七、九这样的奇数类似。毫无疑问，八寻殿肯定是木结构建筑。眼下的日本是世界上第一流的森林大国，超

2. 译者注：关于一寻究竟是几尺一直存在争论，在中国古代一寻是八尺，但作者觉得一寻应该是六尺。古时惯于用人体长度来表示尺寸，六尺约为两米，和人伸开双臂的距离基本相同，所以一寻为六尺最为合适，如果为八尺的话，那就太长了，很难用身体去丈量。

过70%的国土覆盖着树木，其中森林面积就占到了40%以上。试想一下，在上古时代，森林的覆盖面积肯定更大，那时的日本肯定到处都是郁郁葱葱的森林。其中，日本桧枝繁叶茂，随处可见。日本桧是古时日本建造宫殿的必用木材，而且这一习惯一直延续至今。它是木材中的王者，是世界上独一无二的优良木材，而且最主要的是，只有日本才产这种木材。美国产的美国桧虽然也被冠以"桧"的名号，但那是彻头彻尾的"冒牌货"，根本不是纯正的桧。《古事记》中有云"以桧为宫"，其中的桧指的就是日本桧。

日本拥有世界上独一无二的木材资源，所以日本的建筑技术才能如此发达。在日本，除了日本桧以外，还生长了大量的水杉、松树、日本花柏、罗汉松、日本铁杉和冷杉等树木，这些都是建造建筑物的上好木材。不仅是宫殿，很多民宅和家具器物也都由木材制成，这就导致日本国民对木材的感情非常深厚，造就出日本独特的木材文化。日本人对木材的这种感情，是那些生活在沙漠和荒野中的民族，以及那些富于"土石文化"的民族难以理解的。

匠人们在建造那些美轮美奂的宫殿或神社的时候，会先将日本桧从森林中伐出，制成柱子，然后再埋入地基。正如祈祷词中所唱诵的那样，"宫殿的柱子深深插入地基直抵磐石，屋顶的千木[3]高高耸入云霄触及高天原[4]"。地基一直挖到可以触碰

3. 译者注：千木是指在脊的两端各有两根方木高高挑起，并相互交叉。
4. 译者注：高天原是日本神话传说中，众神居住的天上世界。

到岩石，这才在上面立起柱子，其牢固程度可想而知。高耸的千木不仅展示了建筑的威容，同时也体现出直插云天的架势。在古时日本人的观念中，千木越高，离天照大神居住的高天原就会越近。所以，所有的千木都是高耸入云霄。

和宫殿或神社比起来，一般的住宅建筑都显得比较矮小，即使没有千木或鲣鱼木⁵这样的构件，建筑物的基本结构也还是相同的。日本自开邦以来，传统的建筑都是木结构，后来受朝鲜半岛和中国大陆文化的影响，日本的建筑样式发生了变化。但那仅限于上流社会的建筑，对普通百姓来说，其影响微乎其微。而且，日本上流社会在吸收大陆文化的时候，并不是简单地去模仿，而是将其充分日本化，其中蕴含的日本精神自始至终都没有变化。在明治维新后，大量引入西方文化，日本建筑才渐趋复杂化。

日本建筑历经数千年，最终形成了今天这样的局面，留下的优秀建筑数不胜数⁶。但是，日本国民对古今建筑的认识却是浮光掠影——当然了，我本人在这方面也是才疏学浅。眼下，关于建筑的传说和文献资料已有很多，但我想做的并不是对建筑进行表面上的诠释，而且想探究附着在建筑上的内在精神，即通过对建筑的吟味，来探究日本的文化和日本民族的本质。我深知对这一问题的研究并不是一件简单的事，但我仍觉得有责任去完成这样一项事业。

5. 译者注：鲣鱼木是指正脊上横向排列的圆木。
6. 编辑注：本书写于1944年。

要想全面了解日本建筑，须先了解国人是如何认识日本建筑的，同时也要了解外国人是如何认识日本建筑的。对任何事物的认识都有其相对性，甲认为是善的东西，在乙看来可能就是恶的；丙认为美的东西，在丁看来可能就是丑的。所以世间万物没有绝对的善恶美丑之分，这也同样适用于日本建筑。日本民众认为优美的日本建筑，在外国人眼中可能就是丑陋的，正应了那句话——谁辨鸟之雌雄哉！由于认识的不同，对事物的评价也会大相径庭。

但是，我想通过自己的努力打破这种认识上的对立，去辨明东西方建筑的雌与雄。这听起来也许像狂言，但我有足够的信心去改变人们对日本建筑的错觉和误解。如果日本人对本国的建筑没有正确认识的话，那么评价东西方建筑的优与劣就会变得毫无意义。同样，如果西方人对日本建筑一无所知的话，也就没有必要去探讨东西方建筑的问题。因此，我会按顺序逐项予以阐述，让日本人和外国人对日本建筑都能够有所了解。然而，综观当前局势，日本人在和外国人交往时存在很大问题，日本人会一味地对外国人做让步，而外国人则是肆无忌惮地对日本人予以轻侮。出现这样的局面实在是遗憾至极。俗话说，"自重者然后人重，人轻者由于己轻"。日本人受外国人轻侮，这固然跟外国人的无知和蛮横有关，另外和日本人毫无必要地去阿谀奉承外国人也有很大的关系。在第二节中，我会通过真实的例子来说明这一点。

1.2 古今外国人眼中的日本建筑

至于桃山时代[7]以前的外国人如何看待日本建筑，至今为止还没有任何资料可以证明。桃山时代以后，很多天主教的传教士来到日本。在他们眼中，日本建筑非常新奇，和他们在欧洲看到的建筑完全不同。在桃山时代以及桃山时代以前，关于外国人如何看待日本建筑的资料屈指可数。

好了，关于这段历史我们暂且不谈，就从江户时代开始谈起吧。在江户时代，大量的外国人开始进入日本，但他们对日本建筑的评价，要么是露骨的阿谀奉承，要么是充斥着讽刺的轻侮。我举个例子，庆长十四年（1609），当时幕府还没有禁止基督教，外国的传教士可以自由进出日本，还可以在日本定居。有一次，西班牙探险家塞巴斯提安·维兹凯诺来到日本，在西班牙传教士路易斯·索提罗的引荐下，他前去拜访伊达政宗。两人在松岛的瑞岩寺会面，塞巴斯提安·维兹凯诺看到金碧辉煌的瑞岩寺后，故意赞叹说："哦，天啊！这座华美的寺庙一点也不差于我的故乡马德里的埃斯科里亚尔修道院。"大家不要觉得他这是在夸赞日本建筑，其实是在嘲笑日本建筑。埃斯科里亚尔修道院是世界上第一流的庞大建筑群，极尽庄严华丽，单是其建筑规模就

7. 译者注：桃山时代又称织丰时代，是1573至1603年。

是瑞岩寺的数千倍，瑞岩寺和它根本就不具有可比性。

在明治维新前后，很多对日本一知半解的欧美人来到日本，把日本建筑批评得一无是处。在他们眼中，日本民族是未开化的低等野蛮民族，所以一再毫无根据地贬低日本。他们嘲笑日本建筑："日本的民居简直就是野人住的小窝，房子都是由薄木板和纸糊的，一根火柴就可以将其烧毁，这样的房子根本就不配称作建筑。建筑本来就应该用石头和砖来建造，这样才会牢固，才会防火防水。而且，建筑应该由建筑师去设计和监督建造，但日本的房子却是由木匠这样低级的工种去完成的。"

在当时的日本有一批人对欧美极度崇拜，在他们眼中，只要是欧美人说的，那肯定就是对的，对其深信不疑。由于欧美人对日本建筑的态度，导致他们对日本建筑也是弃如敝屣，并且极端推崇欧美风格的建筑。末松谦澄男爵就是其中的一个典型，他是伊藤博文公爵的女婿，极度崇拜英国。他长期在欧美生活，回到日本后，把日本文化批得一无是处。我曾亲耳听过他的"大论"，在他眼中，日本的艺术，无论是文艺艺术还是造型艺术，都不配称为艺术。例如，歌舞伎的动作滑稽而且不自然，充满了野蛮气息；日本的音乐没有音符，全靠乐师手上工夫，缺乏西方音乐的音阶，难以有规律地去弹奏；日本画缺乏远近法和写实性，类似于西方的图画或素描，和欧美绘画比起来，显得原始而低级。

以上只是一个例子，我讲这个故事，其实是想让大家不要忘了，当时贬低日本文化的也有日本人。在明治五年、明治六年（1872—1873），银座大街出现了砖结构的建筑，新桥车站也由石材建成，欧洲风格的建筑开始在日本大地上出现。也是在这一时期，工部大学校[8]成立，内设建筑系，聘请英国教师来教授建筑学。

　　引进西方文化的风潮不仅体现在艺术方面，社会的方方面面都深受其影响。举个例子，当时有人觉得日本人黄皮肤、身材矮、容貌体格寒碜，这全是因为吃米饭和蔬菜所致。如果能像欧美人的样子，天天吃面包、牛肉，喝牛奶，那么日本人的风采也就会变成欧美人的样子。当时还出现了一种"人种改良论"，主张日本人和欧美人通婚，通过通婚来改变日本人种的血液，最终将日本人种的血液淘汰掉，这样一来，所有的日本人将会和欧美人一样，变成金发碧眼了。还有，当时有人觉得日语和英语的语法完全不同，使用起来很不方便，而且日语本身就很不科学，所以主张废掉日语，用英语来代替。持有这一观点的不只是普通人，还有当时的文部大臣森有礼。现在回想起来，真是让人后怕啊！

8.译者注：工部大学校是明治初期由工部省管辖的教育机构，现在东京大学工学部的前身。

在这样一个混乱的时代，当然无人顾及日本建筑，后来再加上废佛毁释运动[9]，很多本属于神社的佛教器物也被无情地损毁，一些单独的佛寺和佛塔等也难逃被铲除的厄运。可以毫不夸张地说，明治初年简直就是一个日本建筑的毁灭时代。讲个小故事，明治五年（1872），奈良县知事计划将兴福寺[10]内的殿堂和佛塔全部夷为平地，然后改作牧羊场。数名包工头来到奈良县厅，对兴福寺的拆除工程进行投标，大家最为关注的就是如何拆除寺内的五重塔。现在的五重塔重建于室町初期的庆应年间，高十七丈，是仅次于京都东塔的日本第二高塔，威严庄重，能够俯瞰整个奈良平原。拆除五重塔并不是一件易事，花费自然少不了。正当包工头们犹豫不决难以做出决策的时候，有个包工头发话了，说他只需要六百八十元就可以完成五重塔的拆除工作。官员问他："你给出这个数目有什么依据呢？"他回答说："如果正常施工去拆除这么巨大的一座佛塔，至少也需要耗费数万之资。所以，我不打算这样去做，我打算一把火把它烧了，烧剩下的废铜烂铁还可以抵一部分费用。这样算下来，六百八十元就够了。"政府当局认可了他的这一方案，但是附近的市民不答应了。他们认为

9. 译者注：废佛毁释运动，是日本明治维新时，为巩固天皇为首之中央政权而采取之神佛分离、神道国教化之政策。其排佛运动极为激烈，曾在各地烧毁佛像、经卷、佛具、敕令僧尼还俗等。
10. 编辑注：兴福寺，天智天皇八年（669）建。

那么巨大的一座塔，一旦燃烧起来，熊熊的大火很可能会波及他们的房屋，甚至将整个奈良城都烧掉。市民纷纷抗议，政府当局最终撤回了烧掉五重塔的方案。多亏了市民的抗议，这座历经千余年的佛塔、国宝中的国宝才得以保留到今天，肃然耸立在故地，俯瞰着茫茫众生，享受着数万奈良市民乃至全体国民的瞻仰。

外国人不了解日本建筑的实质，单凭其结构和材料就给予讽刺，无视日本建筑背后所蕴含的民族精神，直到今天还在大肆宣扬"蛮族日本论"和"日本无文化论"。他们妄信自己国家的建筑最优，无视日本的优秀建筑文化，而这正是傲慢无知的蛮族的表现。作为日本人，当然不能对此置之不理。即使是在各种思潮盛行的乱世，日本国民中也不乏有识之士，他们不盲从于外国人的妄论，大声疾呼日本建筑的优良性，呼吁对日本建筑予以保护，但是却很少有人会注意到他们的声音。可惜的是，众多古代留存下来的知名建筑正在惨遭蹂躏，有些已经被毁弃，或者将要被毁弃。

1.3 觉醒时机的到来

前文已述，明治初年来到日本的外国人对日本建筑是冷嘲热讽，很多日本人也是盲从妄信，但是有识之士还是有的，我的好友冈仓天心就是其中一位。冈仓天心给美国学者芬诺洛萨做过助手，他对日本文化，尤其是对日本艺术的很多认识其实都是来自芬诺洛萨。芬诺洛萨和别的外国人不同，他认为日本建筑是优秀的，并且不遗余力地向世界宣传日本文化。

但是，芬诺洛萨对日本建筑的认识大多是从文物的角度去看的，还谈不上对日本建筑有深刻理解。明治二十七、二十八年（1894—1895）的甲午中日战争之后，日本开始登上世界舞台。明治三十七、三十八年（1904—1905）的日俄战争之后，日本跨入世界强国行列。日本民族觉醒了，日本国民开始意识到知己知彼的重要性，在传承和发扬日本固有文化的同时，开始关注日本的古代文化，而建筑也成为被研究和探讨的科目之一。出现这样的局面，真的是可喜可贺。

日本历经"一战"，又逢"二战"，现在正在和世界上最强大的美国一决雌雄。此时，日本国民对建筑的认识也在发生翻天覆地的变化，大家已经知道建筑是什么，对外国建筑也不再是一味地阿谀追随，有越来越多的人想去了解日本建筑的真相，并且开始溯古探寻日本建筑文化的根源。出现这样的变化，真的是让我欣喜异常。

　　长期以来，日本建筑深受欧美建筑的压迫，导致大多数人对日本建筑不甚了解，当今逢此机运，越来越多的人开始关注日本建筑。尽管日本建筑从日本肇始之初一直延续到现在，是值得尊重的具有深远意义的一大文化；尽管日本建筑是国民衣食住的一大组成部分，在国民生活中不可或缺；尽管日本建筑也属于欧美所谓的建筑、雕刻和绘画三大艺术的范畴之内，给国民提供舒适的生活环境，让国民保持愉悦的心情，但是日本建筑并没有得到充分的认识，这是为什么呢？

　　在我看来，衣食可以随时更换与买卖，可以装在容器中，可以作为礼物送给他人；但是建筑就不行了，它不能随时移动、变更、买卖与封藏。加之建筑以天空为背景，矗立在大地之上，为了保护住户，必须具有防震、防火、防水、防风和防电等职能；此外还负有慰劳住户，为住户提供舒适居住条件和保护住户健康等责任，所以将住与衣食放在一起来看待，显然是不可取的。当然了，食直接关乎人的生命，所负的责任也很重大，对食材成分和营养价值的研究与对建筑物的材料结构、装修和外观等的研究都是同等重要。如果将衣食住比作兄弟关系的话，那住应该是哥哥，而衣与食则应该是弟弟，处于哥哥的庇护之下。

　　在西方，雕刻、绘画和建筑被称为"艺术三姐妹"，但这在日本却行不通。明治初年，"艺术三姐妹"这一概念从英国、法国和意大利等欧洲国家传入日本，当时的日本人就想当然地把这一概念嫁接到了日本的雕刻、绘画和建筑艺术上，并且一直沿用至今。在古代的西欧，例如古希腊和古罗马等国，在建造神殿时都会选择使用白色的大理石，神殿外饰面会雕刻浅浮雕的神像，殿内会布置整雕的主神，并绘有众神的壁画，而且壁画中的诸神往往是裸体或者半裸体的形象。在当时，绘画艺术已经非常发达，建筑、雕刻和绘画三者密不可分。但是在今天，这三者之间已经不存在这种密不可分的关系，可以说"艺术三姐妹"的缘分已尽。对今天的建筑来说，雕刻和绘画已经不再是必需的了。例如，现在寺庙内都会供奉主佛的雕塑或者供奉其他的一些佛像，但它们只能算作寺庙内的附属器物，自然也就没有理由将雕刻、绘画和建筑并列起来当作姐妹去看待。

总而言之，建筑就是建筑，与雕刻和绘画不再是姐妹关系。如果硬要用亲属关系来形容的话，那建筑也应该是雕刻与绘画的叔父辈。衣与食是建筑的弟弟，雕刻和绘画是建筑的侄子，彼此之间相亲相爱，一片和谐。但是，建筑有其自身的重要职责，如果忽视这一职责的话，那就是最大的犯罪。现在国民对建筑已经有了初步的认识，希望这次通过我的深入阐述，国民能够对建筑有更加深入的认识。

建筑是指供人居住，或者以容纳人为目的，在地面上构筑的人工设施，但其中也包括很多例外。而在所有建筑中，最重要的、最意义深远的、最难以建造的就是住宅。建筑之美首先在于外观，其次在于内容。建筑是一门独立的艺术。

2

建筑是什么

2.1 建筑的定义

　　在第1章中，我已对日本建筑进行了一些片段性的表述。在本章中，我会对建筑是什么进行详细的介绍。要想了解日本建筑的真相，首先必须对建筑下一个定义。但凡定义类的东西，那都不是只言片语能够解释清楚的。

　　在欧洲，很早以前就已经有了类似于建筑定义的东西。古罗马的建筑学家马尔库斯·维特鲁威·波利奥列举了建筑所需要的几大要素，但是并没有给建筑下一个明确的定义。后来，又有十多位建筑学家发表了自己对建筑的定义，但都是各自主观性的观点，离完整的建筑定义还相差甚远，所以在此也就没有必要对其进行介绍了。十九世纪末，欧洲建筑界开始陷入僵局，但也由此催生出一批新的建筑，并且出现了很多有关建筑的新主义和新主张。但是，这些新主义和新主张还达不到定义的标准。例如，法国的建筑学家勒·柯布西耶认为"住宅是供人居住的机器"。这样的定义似有舞文弄墨之嫌，如果以此定义建筑的话，那就太轻率了。然而，日本有一些建筑师对勒·柯布西耶却是极其崇拜，认可他的"建筑即一种特殊机械"的观点，并认为"既然建筑是机械，那只要发挥其效能就够了，外形的美观根本毫无必要，所以将建筑视作艺术是错误的"。这些建筑师并没有理解勒·柯布西耶的本意，仅是一种字面上的理解，我却认为"建筑无装饰论"其实是一种严重的错误。

当然了，如果让我给建筑下一个完整定义的话，那也是极其困难的。像建筑这种复杂的东西，根本不可能用只言片语去给它下一个定义。如果硬要我去下的话，那我只能这么说，"建筑是指供人居住，或者以容纳人为目的，在地面上构筑的人工设施，但其中也包括很多例外"。

可以看出，建筑的范围很广，但其中最重要而且最必要的就是住宅。在日本，95%的建筑物是住宅。定义中的"供人居住"指的就是住宅，而"以容纳人为目的"指的则是学校、剧院、官衙和医院等公共建筑。建筑的服务对象是人，人为了生存才建造建筑，因此建筑必须能够保护住户的健康，能够抚慰住户的心情，能够为住户提供更好的工作和休息的空间，能够为住户的生活提供便利。再者，人是一种情感动物，不同的人的情感需求也不一样，建筑还必须考虑到这些因素，尽可能满足住户的情感需求。

建筑属于工学，与土木和机械等学科完全不同。住宅并不是一个道具，它要保护住户的安全，跟住户的生活息息相关，而人又是有情感需求的，让建筑满足住户的情感需求也不是一件易事。只强调牢固，而没有任何情趣的建筑不能称为住宅；同样，情趣丰富，但结构脆弱的建筑也达不到保护住户安全的目的。

定义中的"在地面上构筑的人工设施"，这又是什么意思呢？建筑和其他的物体不同，必须以天空为背景矗立在大地之上，因此需要考虑周围的土地环境、地基软硬、阳光和树木等复杂的条件，这是其他的物体所不能比拟的。建筑物耸立于空中，从任何角度都能看到，不能躲也不能藏，任凭风吹雨打，地震雷电，也必须岿然不动，全心全意保护着住户的安全，让住户住得安心——单凭这一点，建筑就值得我们感激。再举个简单的例子，船可以供人居住，也可以容纳人，这完全符合定义中的"供人居住，或者以容纳人为目的"的条件，但船并不是在地面上构筑的，因此不能被称作建筑。此外，火车和飞机也是如此，虽然都能够容纳人，但由于不是构筑于地面之上，而是在地上跑，或者在空中飞，因此也不能被称作建筑。

定义中还特意提到了"其中也包括很多例外"，如仓库和纪念塔等设施虽然不能供人居住或者容纳人，但都是非常宏大的建筑。坟墓也不是供人居住或者容纳人的设施，但有些坟墓的规格极其巨大，甚至耸立于空中，因此也应该被算作建筑。俗话说"没有例外的定义是不存在的"，建筑正是如此。总而言之，给建筑下一个完整的定义，其实是一件很难的事情。

2.2 衣食住的住

　　本节的内容在第1章中已有所述，在此再略作补充。人为了生存，所以才在地面上建造住宅。在所有建筑物中，最重要的就是住宅。住与衣食共同构成了人类生存的三大要素。但是，衣与食时时刻刻都可以轻松改变，但住就不行了，住宅的规模一般都比较大，一旦建造完成就很难做出改变。举个浅显的例子，对衣来说，夏天一件浴衣就可以应付，而且花色可以自由选择；冬天穿上棉衣就可以御寒，花色也可以自由选择，而且在家中就可以轻松地进行修改或缝补。对食来说，比衣还为便利，如果今天吃得不尽兴，明天可以吃更多的美食来进行补偿。你可以在中餐、西餐和日餐三种料理中任意选择，或者干脆什么都不选，直接在家中体验家庭料理的乐趣。

　　然而，住却需要土地和大量的金钱，无论是内部装饰还是外观设计，都要耗费大量的心血，从开始设计到最终的完工还需要耗费较长的时间。一旦完工了，就很难将其轻易改变；如果不喜欢的话，也不能像衣食那样随意扔掉，更不能像存衣服和食物那样，将不用的房间存到仓库中。当然了，如果建得好的话，那建筑就会成为当地的一大风景。住不同于衣食，不可以根据寒暑的变化去随意改变其外形，也很难根据住户的喜好去随意改变室内的装饰。因此，一旦营造的住宅不够完美，那就必须长期忍受它所带来的不便和心情上的不愉快。其实，别说是自己的住宅了，就是租来的房子，如何不合自己心意的话，也会给自己带来很多不快，带来很多难以忍受的痛苦。虽然住与衣食是并称的，但在性质上，住与衣食还是有着天壤之别。

根据不同的分类标准，建筑可以分为不同的种类。从古代开始，西方就将建筑分为宗教建筑和非宗教建筑两大门类，每大门类下又下设若干子目，住宅就位于非宗教建筑的最底端。日本最初也是沿用这一分类方法，但时至今日，已经没有人再使用这一不合理的分类方法了。建筑的分类或按照产生的顺序，或按照其在人类生活中发挥的作用，但不管依照什么样的分类标准，位于人类生活第一线的住宅，都应该被排在建筑界中最重要的地位。

住宅是人类生活中必不可少的设施，既是实用性的物质上的建筑，同时又是一家和乐的场所，是讲究情趣性的情感层面的建筑。住宅必须具有物质和情感两方面的因素。总之，在所有建筑中，最重要的、最意义深远的、最难以建造的就是住宅。无论是九尺二间[11]的小屋，还是数百坪[12]的豪宅，虽然在体量上不同，但建造时的费心程度却是毫无二致。

11. 译者注：九尺二间是指房间宽九尺（大约2.7米），进深二间（大约3.6米）。
12. 译者注：日本的面积单位，1坪相当于3.3平方米。

古人云，"居移气，养移心"，居住的环境和内在的装饰可以影响人的心理。若从这个层面上来说，所谓的风水也就不是绝对的迷信了。总而言之，不能草率地将建筑当作衣食住的一个组成部分去看待。

2.3 艺术的一大门类

从古希腊时代开始，欧洲人就对建筑非常关心和尊重，将其视为伟大的艺术。文艺复兴时，绘画、雕刻和建筑被并称为"艺术三姐妹"。建筑与绘画、雕刻不同，具有实用性，所以有人又将绘画和雕刻称作自由艺术或者纯粹美术，将建筑称作非自由艺术或者实用艺术。

受欧洲文化的影响，日本直到今天还将绘画、雕刻和建筑并称为"艺术三姐妹"，而且建筑还排在三者的最末一位。

在希腊等国，从上古时代开始，建筑与雕刻就是相伴而生的，但在日本却不是这样，如果依然沿用欧洲的叫法，将建筑放入"艺术三姐妹"的末席，那对日本建筑来说，显然是不合理的。建筑具有两面性，既有其物质属性，又有其精神属性。建筑和绘画、雕刻不同，不是纯粹的艺术，但又有绘画和雕刻所不具备的那种特殊的、雄浑的、深刻的美。

建筑可以自由运用绘画和雕刻艺术，但是绘画和雕刻却无法操纵建筑。在日本，大型建筑的栏杆上一般会施以雕刻，在墙壁或隔扇上会施以绘画。绘画和雕刻可以任由作者设计，并且作者自己就可以完成绘制或雕凿，但是建筑就不行了，建筑师一个人很难施工，必须借助他人之手才能完成。建筑耗费的时日一般都较长，有的建筑甚至需要数年才能完工，花费自然也就非常巨大。建筑师的思想和喜好会随着时间的推移发生变化，如果工期太长的话，建筑师一般都会对原有方案进行若干修改。由于发包方、建筑师和施工方三者的立场不同，一旦建筑师对方案进行修改之后，三者之间的平衡关系就会被打破，为了顺利完成建筑，彼此之间必须相互妥协，这样的结果就是建筑师的理想不可能充分实现。一般来说，建筑师的理想如果能够实现80%以上，那就已经非常不错了。

对于绘画和雕刻，作者可以即兴发挥，如果失败了，还可以重做，或者干脆将其藏于箱底，不公之于世则矣，但是建筑就不行了。建筑一旦建成，就会以天空为背景，耸立于公众视野中，不能躲，也不能藏。因此，建筑不允许失败，绝对不可以心血来潮地去建造。建筑虽然也是一门艺术，但其性质与绘画和雕刻却又显然不同。绘画有绘画之美，雕刻有雕刻之美，而建筑则有建筑之美，相互之间是不具有可比性的。

总之，建筑之美首先在于其外观，或端正匀称，或奇巧均衡，或庄重，或高雅，或秀丽，或优美，或千姿百态，或变幻无穷；其次在于其内容，其内容与外观要协调，其材料要用得适得其所，其结构要强弱适度……各方面都无可挑剔的建筑才是一座完美的建筑。不同的建筑会带给人不一样的美感体验，恢宏的宫殿带给人的是魁伟之美，巍峨的高楼带给人的是俊秀之美，清凉的亭榭带给人的是轻灵之美。

　　建筑之美与绘画、雕刻之美不同，将它们三者并称为"艺术三姐妹"，实在有些说不通。只能说，建筑是一门独立的艺术，有时会配合使用绘画和雕刻而已。

2.4 土木工程的一大门类

"建筑"是西方文明进入日本之后才出现的一个新词，它和传统的土木工程其实是兄弟关系，有时也被看作朋友关系。土木工程是指使用土木铁石进行构筑作业的工程，今天的土木工程获得了很大的进步，已经成为一门独立的科学。

像桥梁这种需要具备一定美感的设施，既属于建筑，同时又属于土木工程。此外，神社的参拜道、护城河、围墙、土垒和庭园等增添景致的设施，以及像周防的锦带桥、长崎的穹窿桥和滋贺县的日枝神社的三桥这样的国家重点文物也都既是建筑，同时又是土木工程。像这样的例子还不在少数。

在城市规划设计中，建筑与土木工程也是不可分割的。城市是建筑物与道路的综合体，在建设道路和庭园的时候，很多时候都需要配合使用建筑和土木工程。

庭园绝不是仅靠园艺师就可以完成的，如果失去了与住宅的协调，也就不能称其为一个好的庭园。就像茶室需要配备一块露天的土地一样，无论是大豪宅的庭园，还是小住宅的院子，其实都是住宅的延续，两者和谐统一才会成为一个整体。所以说，庭园其实是一种半土木、半建筑的设施。在古代，并没有土木工程和建筑之分，两者统称为"土木之功"，看来也不是毫无道理。

一般来说，土木工程缺乏艺术元素，而建筑则富于艺术趣味。当然了，如果完全认同这一观点的话，也未必妥当。但是，建筑在和土木工程合作的时候，工学（即应用科学）方面的特点发挥了重大作用；在和绘画、雕刻相联系的时候，艺术方面的特点则成了不可或缺的因素；在和衣食为伍的时候，生活方面的特点则成了彼此联系的纽带。总之，建筑就是一个各种特点都具备的复杂体。也正因如此，日本的很多官立[13]、公立和私立大学都会开设建筑学科。帝国大学在工学部下面设建筑系，主要教授建筑科学理论、材料、结构和设计等；工业大学也设建筑系，主要教授住宅建筑、公寓建筑和工艺建筑等，以大量建造和提高效率为研究重点；美术学校所设的建筑系主要研究建筑艺术，以设计和装修方面的问题为重点；工艺学校和美术学校类似，所设的建筑系主要以设计和工艺方面的研究为主。

像建筑这种牵扯到方方面面的学科别无仅有，据此也可以看出建筑的复杂性与广泛性。任何人都不可能通盘掌握建筑牵扯到的所有方面，所以建筑师会和医生一样，选择一个方向去研究，但不管选择哪个方向，建筑的基本原理都是必须掌握的。建筑的基本原理就相当于大树的根，各种各样的研究方向则相当于枝叶，所有的枝叶必须依靠根的滋养才能开花结果，才能为世界做出贡献。

13. 译者注：官立大学指日本在第二次世界大战前所设立的单科专门性大学。

2.5 学问与艺术、理论与情感、物质与精神

建筑是学问与艺术这二者融合的集大成者，单靠学问，或者单靠艺术都做不成建筑。

换言之，建筑是理论与情感共同作用的产物。学问与理论，艺术与情感，彼此之间是共通的。学问体现的是建筑中的理论，而建筑带给人的美的情感体验则属于艺术。再换言之，建筑是物质与精神的结合体，物质指的是具体的材料和结构，而精神指的则是建筑师的设计理念。

建筑师按照自己精神层面的设计理念，对物质层面的材料进行加工，将精神与物质有机地融合到一起，才可以建成完美的建筑，偏其任何一方都不可以。但是，理论与情感，物质与精神的融合并不存在一个固定的模式，所以造出的建筑也会千差万别。例如，仓库的建造更加注重理论与物质，而茶室的建造则更加强调情感与精神。仓库的作用是防雷、防火、防潮湿、防虫害等，只要便于储藏货物就可以了，在建筑的美观性方面要求不高。茶室需要营造出闲寂的气氛，而不是简单的盖个房子就可以了。住宅是介于仓库和茶室之间的一类建筑，不仅要住得舒服，同时还要便利，既要保证住户的健康，又要经济实惠，所以说住宅既注重理论与物质，同时也注重情感和精神。总之，建筑的这种二元性在世界上都是通用的。

如果将建筑与食物相比较的话，会发现二者有很多的相同点。食物是原材料与烹饪方法共同作用的结果。即使原材料再好，如果烹饪方法不对，那也做不出任何美味。即使再富有营养的食物，如果难以下咽，那也会变得毫无意义。同样的道理，即使再好吃的食物，如果没有营养，也一样毫无意义。在现实生活中，很有营养的食材，由于厨师的失误，最终导致营养尽失的例子不胜枚举。物质与精神完全融为一体才会造就著名的建筑，当然了，要想做到这一点绝非易事，所以世界上的著名建筑才会屈指可数。

　　总之，如果学问胜于艺术，建筑就会显得索然无趣；如果艺术胜于学问，建筑就会显得柔弱或怪异。只有学问和艺术的比例恰到好处，而且两者都稳健且优良的时候，才会造就完美的建筑，否则就会造出畸形的建筑。世界各国在建筑方面的学问和艺术的性质不同，再加上使用的比例各异，所以才造就出不同的建筑样式。

　　在日本，又该如何运用学问和艺术，才能真正呈现日本建筑的真髓呢？

在日本国土上建造的、适合日本人的建筑都属于日本建筑。一个国家的建筑可以反映出该国的盛衰隆替。了解外国建筑，可以让日本建筑吸取一些经验和教训。

3

日本建筑是什么

3.1 适合日本人的日本建筑

若问日本建筑是什么，一言以蔽之，在日本国土上建造的、适合日本人的建筑都属于日本建筑。

适合中国人或欧洲人的建筑，无论多么气派，多么华丽，只要不适合日本人，那对日本人来说就毫无用处。外国人身高六尺，而日本人身高仅有五尺。适合外国人的衣服，即使再华丽，穿在日本人身上如果不合身的话，那也是毫无意义。很多外国人来到日本，建造了一些非常气派、非常巧妙的建筑，但它们完全是按照外国的设计理念建造的，虽然是建在日本的土地上，但也不能算作日本建筑。

评价一座建筑，排在第一位的应该是建筑中体现的思想与精神，排在第二位的才是建筑样式。日本人盲目地模仿外国建筑，并且还以此为傲，这实在是愚昧至极。日本与外国的国情各异，外国的建筑在原则上很难适合日本的国情，如果不加甄别地盲目跟风，那就会变得毫无意义。当然了，这种现象并不仅仅出现在日本，在世界各地都或多或少存在。举个稍显奇特的例子，曾有人说，"平壤西郊的乐浪古坟是朝鲜非常重要的古代建筑，是朝鲜引以为傲的建筑至宝"，对朝鲜的古代文化是高度赞扬。但我不得不说，这实在是个错得离谱的观点。中国的汉武帝征服朝鲜北部之后，设置乐浪郡，乐浪古坟其实是汉人郡主的坟墓，而且建造坟墓的也都是汉人工匠，所以说乐浪古坟和今天的朝鲜毫无关系。但不得不承认，乐浪古坟确实是令人赞叹的古代建筑文物，但那是中国汉文化的成就，并不是朝鲜文化的产物。长崎的崇福寺等也是如此，都是中国汉文化的产物，和日本文化的关系也不大。从明治初年到明治中期，东京出现了一大批此类建筑，例如新桥停车场、游就馆、鹿鸣馆、尼古拉教堂等，它们都是外国人在日本土地上建造的外国建筑，根本算不上是日本建筑。

3.2 日本建筑的特异性

世界各国各民族都有其独特的性格、心理与爱好，因此各国的建筑也呈现出不同的特点。日本建筑当然也不例外，那么日本建筑的特点又是什么呢？对此问题，我在以后的章节中还会予以详细介绍，在此先暂不赘述。总之，在建筑方面只要坚守日本的立场就不会错，盲目地模仿外国建筑只会有百害而无一利。当然了，如果能够吸收外国的长处为我所用，那也是极好的了，但万万不可盲从。这就和吃西餐一样，偶尔吃一次，尝一尝还可以，要是天天吃的话，那日本人肯定受不了，真正适合日本人胃口的还是日本料理。

有人主张"取彼之长，补己之短"，但我个人认为这根本就是一个伪命题。试问一下，长是指何所长，而短又是指何所短呢？长处和短处就如同一张纸的两面，在很多情况下，长处同时也是短处，而短处同时也是长处。例如，他的长处是雄辩高谈，而我的短处是笨嘴拙舌，你让我改掉笨嘴拙舌的毛病，变得雄辩高谈，那怎么可能呢？况且，有时候雄辩可能会变成诡辩或者冗辩，让人觉得这个人不可信，长处就变成了短处，而笨嘴拙舌的人一言一语都诚恳准确，给人可信赖之感，短处就变成了长处。

总而言之，别人真正的长处，你肯定学不来，凡是能学得来的，那肯定就不是真正的长处。与其"取彼之长，补己之短"，还不如靠自己的努力去补足自身的短处。再说，凡是能够意识到自己存在短处的人，那肯定也差不到哪里去。以上说的是人，如果运用到建筑中，同样适用。

3.3 东西方建筑的高下

总的来说，欧美的万事万物和日本的万事万物之间存在巨大的差异。在有些层面，彼此之间正好相反，例如句子的结构、姓名、年月日、住所等的书写顺序，以及礼仪规定等。此外，在日常生活的细微之处也存在着巨大的差异，衣食如此，建筑也不例外。我有时会禁不住奇怪，为什么东西方之间会存在如此巨大的差异呢？

建筑是学问与艺术的综合体。一个国家的建筑可以反映出国民普遍的思想、喜好和技巧等。前文已述，建筑与绘画、雕刻不同，在建造时必须非常认真，力求尽善尽美，建筑师要发挥出自己所有的能力，容不得半点作假和欺瞒。

建筑可以体现出建筑师的性格，一个国家的建筑同样可以体现出那个国家的性格。如果仔细观察一座建筑，你可以看出建筑师的喜好与能力；如果仔细观察一个国家的建筑，你可以了解到那个国家的情态。

最能代表古代文化的就是建筑。一般来说，如果研究文化史，必然要依靠文献资料，通过留存下来的古籍和档案等得出自己的结论。但是，与使用文献资料比起来，如果能够利用古建筑得出结论的话，那研究结果就更为准确了。

古人云，"尽信书不如无书"，古籍中的很多记载存在过于夸大或者过于贬低之嫌，与真实的历史往往存在一定的差异，使用这样的资料得出的结论自然也就会出现错误。况且，古籍中还存在着伪书。此外，如果细加考究的话，会发现荒唐无稽的古籍也不在少数。所以说，在使用文献资料时，一定要格外小心，不然就容易得出错误的结论。然而，建筑物与文献资料不同，它不存在赝品，也不存在夸大或贬低之嫌。建筑物自开始建造的那一天起，就赤裸裸地出现在公众的视野里，没有任何秘密，也没有任何地方可躲可藏。文献资料还可能会出现下落不明的情况，但建筑物则完全不存在这方面的担忧。不过，建筑物需要长期暴露在雨露之中，难免会发生腐朽，在维护时，可能会抹杀掉或变更掉一些古代留下的信息，但是这一切通过专家的调查研究，是完全可以还原清楚的。所以说，通过研究古代建筑可以比较准确地了解古代文化，通过研究现代建筑则可以比较准确地悟得现代文化。中国存在大量的碑碣，那都是石质的文献，而日本的建筑则是木质的文献。

3.4 外国建筑的印象

明治三十五年（1902）三月至明治三十八年（1905）六月，我先后到中国、印度和土耳其参观考察，然后游历欧洲诸国，最后取道美国回到日本。这次旅行仅有三年零三个月，并没有取得预期的调查研究成果，不过对各国建筑的考察，还是使我颇有感触。

第一，一个国家的建筑种类的多少可以反映出那个国家的文明程度。建筑种类少的国家，文明程度也相应较低；建筑种类多的国家，文明程度也相应较高。如果你去一个仍然还接近于原始社会的国家考察，你会发现那里的建筑种类也就只有那么几个。在日本，上古时代的建筑也就仅有住宅这一个种类。后来，随着人口的增加，出现了村落，供人们交易货物的店铺也开始出现。再到后来，交通越来越发达，供旅客住宿的旅店开始出现。可以说，人口的增长与建筑种类的增多是成正比的，现在日本有一亿人口，建筑的种类也是多种多样，很难做出准确的统计。

中国的具体人口数量还不清楚，据说接近五亿，虽然人口很多，但建筑种类却很少，这也从侧面反映出中国国势的不振。印度的人口大约有三亿七千万，珍奇建筑和漂亮建筑不少，具体的建筑种类还不清楚。土耳其和叙利亚、埃及的建筑风格一致，有一些新奇的建筑，但其建筑种类却很少，感觉和中国不相上下。

在欧美各国，建筑发展的步调基本一致，随着时势的发展，各国出现了一批新的建筑，但总的来说，英国的建筑偏保守，美国的建筑则显得特立独行。当我看到美国建筑的时候，我就觉得这个国家真的很让人敬畏。

第二，通过建筑的风貌，除了可以判断出建筑所有者和设计师的内心与性格外，还可以根据其体现出的国民性来卜知一个国家的兴衰。举个简单的例子，在建造住宅时，设计师要按照户主的要求去进行设计，跟这所住宅有关的人员，除了户主和家人外，还会有户主的亲戚、朋友，还有设计师、助手以及负责施工的工人等。有些大一点的建筑，可能还会牵扯到数千人。一座建筑并不是一个人的灵魂的呈现，而是很多人的灵魂的集合。在建造国家级的重大建筑的时候，负责方案设计可能是少数几名专家，但其背后却是很多国民，他们可以对建筑提出自己的希望、劝告和赞美等。这样一来，这项建筑就不再是少数几名专家的建筑，而是变成了全体国民的建筑。所以说，一个人的建筑体现的是一个人的精神，而一个国家的建筑体现的则是全体国民的精神。

如果让我简单描述一下对外国建筑的印象的话，我觉得中国的建筑既有其聪明之处，又有其愚蠢之处；既有其精到之处，又有其粗笨之处；既有其机敏之处，又有其迂钝之处。总之，让我找不到头绪。印度的建筑充满幻想主义色彩，而西亚的伊斯兰教建筑则充满了诗趣。德国的建筑硬朗，有点像野武士。法国的建筑柔弱，看起来像纨绔子弟。英国的建筑随意，有点像过舒适日子的退休者。美国的建筑则一半像英式，一半像德式，充满自由主义色彩，像一个特立独行的男子汉。

根据我对各国建筑的考察，我觉得建筑可以分为兴盛之国的建筑、停滞之国的建筑和衰亡之国的建筑三大类。但凡质朴刚健、不虚饰、内容充实的建筑，那肯定就是兴盛之国的建筑；但凡追求华美、虚而不实的建筑，那肯定就是衰亡之国的建筑。介于两者之间，失去霸气，茫然不知所从的建筑，那肯定就是停滞之国的建筑。

第三，建筑工程的多寡可以反映一个国家的兴衰。根据我考察的经验，建筑工程一片繁忙的国家肯定是蓬勃发展的国家，一片萧条的国家肯定是停滞不前的国家。六年前我到伦敦时，发现当时的伦敦和四十年前我去时的伦敦并没有什么差别，街道还是原先的样子，建筑物落满了煤烟，呈现出一片古建筑的风采，新的建筑物很少见，仅有的几座新建筑也都是美国的风格。无论走到哪里，我都感受不到兴盛大国的气势。大的建筑工程基本看不到，这也从侧面反映了英国的衰弱。

同样的现象在日本的一些城市中也有出现。建筑工程一派繁忙表明城市正在蓬勃发展，而一片萧条则表明城市的发展陷入停滞。

在这一点上，美国就表现得非常繁荣昌盛。当我四十年前到纽约的时候，整个城市就宛如一个大工地，到处都是正在施工的建筑工程，非常杂乱。当我六年前去欧洲的时候，途中顺便去了一趟洛杉矶，发现整个城市规模扩大了很多，就连郊区也在大兴土木。新的建筑显得杂乱无章，而且色彩的运用也是毫无章法，就像把小孩子的玩具箱打翻了一样。看到这番光景，我深深地体会到了美国人的随意和艺术感的匮乏，不过同时也感受到了美国人的果敢豪放和不受约束的性格。

在中国时，我发现中国的建筑无论尊卑贵贱，都呈现出奇怪的风貌，而且在一些细节和装饰上，无不体现出祈求富贵长命的吉祥寓意。

在印度，自开邦以来，印度教就深入人心，所以印度建筑的宗教元素很强，充分地反映了印度国民充满幻想的乐观心理。

在土耳其以及其他的伊斯兰国家，伊斯兰教对国民的影响非常深，通过伊斯兰教建筑可以看到这些国家的国民充满诗趣的、超越现实世界的心理。

古埃及的建筑像谜一样，充满了未知。古希腊和古罗马的建筑也是非常气派和庄重。但是，深受古埃及和古希腊、古罗马文化影响的欧洲，当今的建筑却像是肤浅的面具，徒有其表，缺乏内涵。为避繁杂冗余之嫌，关于其他各国的建筑，在此我就不赘述了。

总而言之，一个国家的建筑可以反映出那个国家的盛衰隆替。前文已述，极尽奢靡的建筑往往预示着那个国家的灭亡。这样的例子有很多，往远了说，有罗马帝国的大斗兽场和卡拉卡拉大浴室等；往近了说，有印度莫卧儿帝国的沙·贾汉皇帝修建的泰姬陵。前车之鉴，我们要引以为戒。

　　当然了，我说这些并不是为了对外国的建筑评头论足，只是希望日本建筑能够吸取一些经验和教训而已。

在影响日本建筑的诸多因素中，排在第一位的是日本的国土，包括土地环境、建筑周边环境、自然景致、日射角度等。排在第二位的是气候，包括气温和湿度。日本古代建筑以植物性材料为主，也是日本人适应大自然的产物。

4

国
土

4.1 土地环境

在影响日本建筑的诸多因素中，排在第一位的就是日本的国土。其实不仅是建筑，任何国家的文化都是由其民族在其国土上创造的。国土、民族与文化的关系就如同父母与孩子，国土相当于母亲，民族相当于父亲，而文化则相当于孩子。所以说，任何文化都是由其所在的国土上的民族创造的，建筑亦是如此。换个通俗点的说法，国土其实就是地理，民族其实就是历史。

地理有三个重要条件，第一是土地环境。日本位于东亚，是太平洋上的一个岛国，属于温带海洋性气候，国土狭长，山川河流则显得娇小一些，风光明媚，充满细腻而又美丽的景致。这样的土地环境催生出了小体量的、精致而具有美感的建筑，和广袤大陆所催生出的粗大而冷硬的建筑完全不同。

第二是建筑要跟周围的环境相协调。举个例子，埃及的金字塔，任谁见了，都会敬佩不已。（胡夫）金字塔是古埃及法老的陵墓，高达146.5米，没有任何奇特的装饰，就是简单的石块堆积。但就是这样一座建筑，所有人都被它的威容所折服，看到它后，都会不由自主地发出赞叹之声。之所以出现这样的反应，一是由于它体量巨大，给人一种震慑感；二是因为周边的环境也发挥了很大的作用。金字塔屹立于一望无垠的利比亚沙漠的东端，向东可以俯瞰广阔的埃及平原。远眺金字塔，会发现在长长的地平线上，除了金字塔呈现出的三角形，没有任何其他软弱的曲线。碧蓝的天空、黄褐色的沙漠、历经五千年风雨的金字塔，除此之外没有任何庸俗的障碍物存在。也许这一切正是让游客由衷感叹的原因。我们不妨做个假设，假如今天在东京银座建一座和埃及金字塔一模一样的金字塔，那游客们会赞叹不已吗？我觉得答案一定是否定的，大家除了觉得它是一个两町四方[14]的愚蠢障碍物以外，不会有任何其他的感触。

第三是环境让建筑变得美丽生动。日本的建筑只有和周围的景致搭配起来，才会显得美丽。欧洲、土耳其和中国的建筑亦是如此。环境可以使建筑物变得更加美丽生动。日本的地形富于变化，宛如一个巨大的盆景，这里面的山峦、平原、森林、田野、深潭和浅流无不那么精致。隐于这些景致之中的日本住宅，正是由于这样的自然环境，才会显得非常美丽。当然了，这样的景致在国外是根本看不到的。日本的住宅虽然规模较小，但是富有雅致，和周围的环境很好地融为一体。在日本这样精致的自然环境下，如果建造一座破天荒的巨大建筑，那就完全破坏了和周边环境的和谐。日本的建筑都不大，即使是最大的建筑，拿到世界建筑的舞台上，也会显得小得可怜。有诗云，"山不在高，有仙则名"，

---

14. 译者注：两町四方是指长度为两町的正方形，一町等于109.09米。两町四方是指金字塔的底座面积是（109.09×2）² 平方米。

建筑亦是如此，不在于其体量的大小，而在于其品质的好坏。

此外，纬度所决定的日射角度对建筑也非常重要。例如，东京市半藏门外的地点位于北纬35度41分，此处夏至的正午太阳高度与水平面成75度夹角，冬至的正午太阳高度与水平面成34度夹角，春分和秋分的正午太阳高度与水平面成54度夹角。在设计建筑物时，这三个角度非常重要。设计的屋檐深度既要阻止盛夏炎热的日光射入屋内，又要保证在寒冷的冬季，阳光能最大限度地射入屋内，同时还要保证在春分和秋分时温暖的阳光能够射到屋檐下的橡木。

欧洲大部分国家，尤其是英、法、德三国，位于高纬度。柏林与桦太[15]北端的纬度相同，巴黎大抵相当于桦太南端的纬度。纬度越高，太阳越低，阻挡阳光的屋檐也就变得越没有意义，所以这些国家的建筑物一般都很少设计屋檐，而是设计高大的窗户，以便最大程度地接受日光。在北欧等高纬度国家，即使在盛夏，天气也不会炎热，因此就更没有必要设计屋檐了。

以北纬35度为中心的日本去模仿位于北纬53度以上的欧洲的建筑，看到欧洲的建筑没有屋檐，因此就把日本建筑中极其重要的屋檐舍弃掉，这实在是让人目瞪口呆的错误。

15. 译者注：桦太即当今的库页岛，在"二战"结束之前，桦太归日本政府管辖。

众所周知，日本季风强烈，雨量充沛，暴风雨多发，雨水被风吹到墙壁上后，会腐蚀墙壁，对墙壁造成损伤，所以从保护墙壁的角度来看，设计适当深度的屋檐还是非常必要的。从这一个小例子，也可以看出日本建筑与外国建筑的典型区别。

4.2 气候

在影响日本建筑的诸因素中，排在第二位的是气候。气候又包括若干内容。

第一项内容就是气温。东京的年平均气温是13.5摄氏度，人体感觉非常舒服。若从世界范围来看，这一温度也算得上是上天给日本的恩赐。日本的冬天不会太寒冷，夏天又不会太炎热，所以没必要建造厚实的墙壁去抵御寒暑的变化，也没有必要配备冷气和暖气设备。在日本的建筑物中，自古至今就没有暖气设备。即使在最冷的时候，使用火盆或被炉就可以应付过去。大家千万不要以为使用火盆或被炉是未开化的野蛮民族的习性，这只是日本民族应对不太寒冷的天气的习惯做法而已。总之，要想建造一座完全适应四季气候变化的建筑是不可能的。如果适应了夏季，就不可能适应冬季；如果适应了冬季，就不可能适应夏季。所以，日本的建筑都是以春季与秋季的平均气温为标准来设计的。

第二项内容就是湿度。日本是一个高湿度的国家，尤其在盛夏时节，湿度最大的时候，就像蒸桑拿一样。但是，冬季湿度会很低，显得比较干燥。

防湿的唯一办法就是建造便于通风的开放式住宅。日本传统建筑的纸拉门和纸拉窗都可以拆卸，而且地板下面也是悬空的，便于空气流动。

北欧地区则与日本正好相反。那里的夏季湿度小，冬季湿度大。北欧的夏季要比日本的初夏和初秋还要凉爽，但是冬季就要比日本的冬季寒冷得多了。因此在北欧，即使是夏季也要穿厚毛衣。住宅的墙壁也都用泥土和石块加固，防止外面的凉气进入。房间内体现的是应对冬季的设计理念，主要以保温为主，客厅中央会建造装饰精美的壁炉。在欧洲，壁炉在房间中的地位，大致和日式客厅中的壁龛类似。日本的房屋设计和欧洲不同，是以应对夏天为主，强调的是清爽的感觉。在日式客厅中，靠近壁龛的座位是主座。壁龛中往往会挂一幅卷轴画，摆一尊香炉，起到统领整个客厅的作用。主座对面放一个蒲团，供客人落座，冬天会摆一个火盆。整个房间的摆设非常简单，营造出清爽的气氛。欧洲的房间布置则不是这样，会摆满各种各样的物品，营造出温暖的气氛。据此也可以看出日本建筑和欧洲建筑的天壤之别。

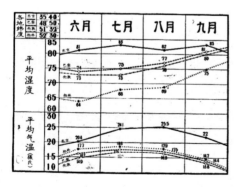

6月至9月各城市平均温湿度对比图

在明治维新前后，有欧洲人评价日本住宅，"日本住宅是由薄木板和纸制成的门窗大开的简陋木屋"，这也充分暴露了欧洲人以己律人的愚蠢之处。

对于日本建筑以应对夏天为主的特点，在古代就已经有人关注。吉田兼好曾在《枕草子》中写道："建造居住的房子，应当考虑以度夏为主。"当值酷暑，若住所不适，则是一件非常难受的事情。庭园中，若挖一条深河，则没有清凉的感觉，而潺潺的流水则会带来明显的凉意。在鉴赏细小之物时，遣户[16]比蔀[17]更加明亮。天井太高，则冬天寒冷并且灯光昏暗。曾有建筑师对我说："在建造新房子时，那些看起来不必要的地方，其实并不是没有价值，一则可以赏心悦目，另则不知何时就可能发挥重要作用。"

如果对于以上所述的各项内容一概不知，仅是无条件地去模仿气候风土与日本完全不同的欧洲的住宅建筑风格，那实在是愚蠢至极的举动。

此外，我还想再赘言几句，日本的高湿度其实也有其好处，高湿度造成的朝露和秋霞等时时刻刻都在滋润着日本国民的心灵，对日本国民的生活影响深远。高湿度可以有效地防止木材干

---

16. 译者注：遣户又叫引户，是从左右可以拉开的门。
17. 译者注：蔀是一种上半部可以吊起的板窗，放下后可以遮阳光，蔽风雨。

裂或变形，造就出日本独特的漆木工艺。在国外，虽然也有细木工这样的工种，但做出来的东西却极其粗糙拙劣，而且还容易变形或破损。日本受大自然的恩赐，拥有最适宜木材的湿度，再加上日本精妙的接缝和榫接工艺，日本的木制品丝毫不会发生变形。在这一点上，就连那些坚持"日本蛮国论"的人，也都佩服不已。

4.3 天然资源

世界各国在建造住宅时，首选的肯定是本国产的天然材料。森林国家会使用木材，沙漠国家缺少木材，就会使用石头或泥沙，当然了，有时也会住帐篷。位于北极的爱斯基摩人则会使用冰块来建造冰屋。

日本是世界上少有的森林大国，国土面积的70%覆盖着树木，而且其中40%又是森林。日本的木材资源丰富，除了建造住宅的上好木材——日本桧外，还有数不清的针叶树。

日本桧可以说是日本最优秀的木材，树干笔直，顶端和底端的树干直径相差不大，材质优美，年轮整齐细腻，品相高雅，坚硬而且富有弹性，还能沁出防治虫害的芳香，可以说是当之无愧的名木。在日本桧中，又数木曾出产的桧最佳，实乃日本之重宝。

日本取之不尽的优良木材资源为建造住宅提供了方便。上古时代，日本人不是用石材，而是用砍倒的树木来建造房屋，这并不是说日本人不掌握加工石材的技术，从留存下来的石棺和石椁来看，当时日本人加工石材的技术还是很高超的。之所以不用石材建造房屋，只是因为当时的日本人觉得没有必要而已。

有人可能会觉得奇怪，木材易腐朽、易燃烧，为什么还要用木材来建造房屋呢？这主要是因为，在上古时代的日本，一处房屋只会供一辈人居住。一旦屋子里死过人，屋子就会被认为是不干净的，必须要将其舍弃掉，择址重建才可以，这就是所谓的"奥津弃户"。但是，当时的人们相信，人死后，灵魂是不灭的，所以有些高贵之士的遗骸会选择用石棺来永久性地保存。

日本是木材之国，木结构建筑的发达正是日本国民适应大自然的结果，而且日本的建筑也将以木结构的形式永远使用下去。有建筑学家曾强调，日本的建筑在将来必然要使用混凝土结构。先不论遥远的将来能不能看到，单是全部使用混凝土结构这一项就不可能实现。混凝土结构只会在部分特殊的建筑中使用。

在明治初年，曾有外国人评价日本住宅："日本为了防备地震，所以才会建造木结构的平房来用作住宅。"日本的知识分子立即随声附和，大言不惭地自我夸赞："确实如此，日本人从古至今都想得非常周到！"——这实在是让人贻笑大方的愚论。在上古时代，日本的住宅是掘地立柱式[18]，三三两两地散居在一起。能够将此类住宅摧毁的地震，平均七八十年甚至上百年才会发生一次，所以当时的日本人根本没必要担心地震带来的灾害。再说了，就为了防备如此稀有的灾害，所以才不使用石材，而专门建造木结构的建筑，这显然也说不通。与其担心地震，还不如担心频繁发生的火灾或者木材腐朽所带来的灾害。若按外国人的理论，那木结构建筑显然就不合适了，石筑的住宅才更为合理。

18. 译者注：掘地立柱式是日本上古时代的建筑式样，是指不使用地基和柱础，将柱子直接埋入地下。

总之，外国人关于日本木结构建筑是为了防备地震的说法是错误的。日本真正开始担心地震所带来的灾害，是在大城市出现以后。大型住宅鳞次栉比，一旦发生地震，后果不堪设想，但即使是这样，对地震的担心也是排在对火灾的担心之后。

如果说得更精确一些，日本建筑并不仅仅是由木材构成的，而是由植物性材料所构成。屋顶的作用是防雨，如果没有雨水，也就没有必要设计一定的坡度。即便有雨水，如果防水工程做得好的话，平屋顶也没有关系。最近，欧式的平屋顶在日本越来越多，这当然没什么问题，但我总觉得还是斜屋顶更为保险一些。由稻草或茅草葺的屋顶，如果没有一定坡度的话，就会容易漏雨。虽然稻草和茅草都很容易腐烂，但修补起来也很简单，而且有专家断言，稻草或茅草屋顶对保护住户的健康最为有利。日本住宅的屋顶最初使用稻草或茅草，后来使用木板，再后来使用扁柏树皮，在佛教建筑传入以后，又出现了瓦葺的屋顶。墙壁最早是使用木板，后来在大陆建筑传入以后，改用泥土夯筑。柱子最早是直接埋入地下，不使用柱础，后来也是在大陆建筑传入以后，才出现了柱础，祈祷词中咏诵的"宫殿的柱子深深插入地基直抵磐石"，指的就是柱础。上古时代的日本建筑是日本人适应大自然的产物，不应当将其诋毁为原始的野蛮民族的低劣建筑。从适应大自然出发，并且始终以适应大自然为主旨，这本来就是各个国家和民族最该走的路。

日本国民的日常生活起居决定了日本建筑的具体条件。日本民族的宗教信仰，决定了日本建筑多采用木结构，简洁素朴。日本人对大自然的深厚感情赋予了日本建筑设计余韵之妙。日本的建筑技艺是活的，其科学性体现在工具和结构的先进性上。

5

国民

5.1 生活样式

本章的主题是国民，讨论的主要是涉及人文的问题。

我们首先来谈一下生活样式。生活样式决定了建筑的具体条件。

从民族学的角度来看，日本和南洋有着很深的联系，不仅生活样式类似，在建筑方面也有着很多的共同点。例如，两者的建筑都是由植物性材料建成，而且都是采取开放式，地板也都是悬空式等。

若谈到日本的生活样式，最重要的就是日常的生活起居。日本自建邦立制以后，历经若干代人的努力，最终形成了一套固定模式的生活样式，如在室内光脚行走，在地板上铺设榻榻米等，并由此形成了一套坐着的时候的礼法，即所谓的"坐礼"。日本的地板由木板铺成，承载着上面的各个房间。受时间、用途和住户身份的影响，各房间的分割会有差别，但不管何时，用于分割房间的纸拉门或者纸拉窗都可以轻松撤掉，两个房间或者多个房间可以合并到一起。同样的道理，纸拉门或纸拉窗又可以随时安上，将一个大的房间划分为若干小的房间来使用。欧洲民族的生活样式与日本则是正好相反。最初的时候，欧洲房间的地面上不铺设地板，完全就是裸露的地面。后来随着文明的进步，开始在地面上铺设砖头、石块或者马赛克等，有的也会采用木片儿拼花工艺来装饰地面，如果觉得还不够完美的话，再在上面铺设地毯。桌子和椅子等家具都是放在这些地面的装饰物之上，人们可以穿着鞋在屋内起居生活，所以说欧洲的室内地面其实是室外地面的延伸。欧洲的房间都是一个一个严格区分好的，通过门或楼道联系在一起，每个人有自己独立的房间，有自己独立的生活，而日本则是所有的家庭成员共同生活在一起。

若细述日本和欧洲生活样式的不同，第一个应该提及的就是礼的不同。在欧洲，还没有一个词汇能够对应日本的礼的概念，所以解释起来有些困难。如果说得通俗一点，日本的礼有点类似于欧洲所谓的人道的最根本标准——德。日本的坐礼是日常生活中起居出入的起点，要求规规矩矩地跪在地板上。日本人在会客时，主客双方屈膝跪于地板上，双手也必须放在地板上，然后相互之间低头问好。跪着时，下肢紧贴着地板，表示自己不会跃起。双手放在地板上，表示自己不会出手。低着头，相互不看对方，表示对对方的服从。总之，坐礼要表达的意思就是"我对您表示服从，不会反抗，不会出手，不会跃起，不会逃也不会躲"，双方会在一片祥和的气氛中进行交谈。

欧洲与日本则正好相反，采取的是立礼，主客双方站立着问好。日本人即使是站着，如果来了客人，也要跪着去迎接，而欧洲人即使是坐在椅子上，如果来了客人也要站起来去迎接。见面后，会伸出右手握手。握手的深意主要是想让对方知道，"你看我手里可没藏凶器哦，我对你没有杀意哦"。欧洲人的立礼表现出一种在紧急时刻可以袭击对方或者迅速逃走的样态。从我刚才举的这个小例子，可以看出日本人主静，而欧洲人主动。东西方的行为存在巨大差异，其实不止如此，东西方的任何习惯几乎都是相反的。

日本住宅中的地板要和人的身体密切接触，所以就必须选择对肌肤温和的材料。后来，随着时代的发展，人们开始在地板上铺设榻榻米。无论是榻榻米，还是纸拉门、纸拉窗，也都要选择温润柔和的材料。此外，墙壁和天井也要营造出温暖柔和的气氛。

欧洲住宅的房屋地面是其屋外地面的延伸，穿着鞋就可以进入，所以无论是用泥土、石块，还是用瓷砖来铺设地面都没问题，而且门窗、墙壁和顶棚等也可以用冷硬的石块、泥土或金属来建造。由于房间地面是道路的延伸，只要能够穿着鞋进入，不管如何清洁，都难免会给人留下一种精神上的不洁感。所以欧洲人不会将物品直接放在地面上，而是会用桌子和椅子等家具营造出一个个平台，然后将物品放在平台上。可以说，欧洲的房间内到处都是平台，而床就是一个供人睡觉的平台。日本的地板虽然未必洁净，但给人精神上的感觉是洁净的，所以日本人会直接在榻榻米上就寝。欧洲的住宅面积一般都比较大，每个房间有每个房间的用处，无法像日本房间那样可拆装使用，所以和日本的住宅比起来，就显得很不经济。例如，在日本三十坪的住宅就足够使用的话，在欧洲六十坪都不一定够用。

若细述日本和欧洲生活样式的不同，第二个应该提及的是日本住宅的室内装饰往往显得低矮而和谐，而欧洲住宅的室内装饰则显得高大而不自然。日本人的身高矮，而且采用的又是坐礼，所以房间的装饰都比较低矮，人跪在地板上和站着的时候相比，眼睛的高度差大约有一尺五寸。日本采用的是坐礼，眼睛离地面的高度较低，所以房间内的装饰，以及天花板和屋檐的高度也会较低；而欧洲采用的是立礼，眼睛离地面的高度较高，所以房间内的装饰都会设计得较高。例如，日本房间内的壁龛和壁橱，在跪着的时候看起来正好的高度，如果欧洲人坐在椅子上去看，那就显得太矮了。如果按照欧洲人的标准去设计的话，就必须将所有的装饰都相应地提高。与其说日本、欧洲双方在建筑的高度方面有其各自的标准，还不如说日本人本来就喜欢低矮的房子，而欧洲人本来就喜欢高大的房子。

在中国秦汉时代以前，中国人采用的也是坐礼。后来从六朝时代开始，立礼开始流行，并一直沿用至今。现在中国的建筑大都是按照立礼的标准来建造的，带有一股欧洲的特殊风气。

5.2 信仰

在日本民族的宗教信仰中，最重要的就是祖先崇拜，它是神社崇拜的基础，同时也是日本神道的发源点。在日本人的心中，神灵是纯洁的、洁净的、无垢的，容不得半点污秽，所以在建造神殿时必须使用干净的原木，而且还要简洁素朴，不能施以怪异的雕刻和恶俗的色彩。有人认为日本的神殿建筑过于原始，缺乏艺术性。这其实是一种严重错误的观点。南洋的土著人和美洲的印第安人才是真正的原始民族，他们会在建筑上施以奇怪的雕刻与恶俗的色彩，而日本民族摒弃了这一点，很显然，日本的神殿建筑并不属于原始建筑的范畴。

日本民族的宗教信仰从神社一直延伸到一般家庭，对神灵的敬畏造就了日本民族喜欢洁净、忌讳污秽的心理。在古代的日本风俗中，月经和分娩都被认为是不洁净的，所以在分娩时要建造专门的产房，用后就会被毁弃掉。前文已述，在古代日本人的心中，人的死亡是最大的不洁净，一所住宅内如果死了人，那这所住宅就变得不干净了，必须将其毁弃掉，然后择址重建。在古代，住宅并不是永久性的，只要里面死过人，就必须重建。有外国评价这一现象说："日本的住宅是暂时的，非永久性的，可以看出日本民族无论做什么事情都只注重眼前，缺乏长久的打算。"毫无疑问，这种评价是严重的谬误。

历代天皇都保留了将不洁净的宫殿废弃的习惯。从神武天皇一直到天武天皇，只要天皇驾崩之后，原有的宫殿就会被废弃，新的天皇会建造新的宫殿居住。神武天皇在橿原建皇宫，橿原自然也就成为当时日本的首都。后来，神武天皇驾崩以后，每位天皇都会选择一个新的地址建造皇宫，新选择的地址自然也就成为日本的新首都。当时的首都并不是大都市，皇宫也都非常简洁朴素，所以比较容易在原有首都的附近选一块地建造一座新的皇宫。发展到后来，首都的规模越来越大，迁都变得越来越困难，于是首都就逐渐被固定下来。持统和文武两位天皇定都在藤原京。从元明天皇至光仁天皇七代天皇均定都在奈良京。桓武天皇[19]继位后，将都城迁移到平安京，即后来的京都。从藤原到奈良，再到京都，每座城市作为都城的时间越来越长。明治天皇继位后，又将首都从京都迁移到东京。从此之后，东京一直是日本的首都，并有可能会成为日本永久的首都。

　　人的寿命仅有几十年，所以住宅的寿命也不需要太长，几十年足矣，木结构的住宅正好合适。但是，日本人相信人死后的灵魂是永生的，所以灵魂的居所必须是一个可以长久保存的建筑，即石造的陵墓。神社是人们在现世给神灵准备的礼物，用木材去建造有一个好处是可以随时翻新，这样也能保证送给神灵的礼物总是崭新的。

19. 编辑注：桓武天皇，日本第50代天皇，781—806年在位。

5.3 喜好

像日本民族这样喜好丰富的民族在世界上是绝无仅有的。在日本民族的诸多喜好中，最有特色的就是对大自然的感怀。日本民族对大自然有着很深的感情，喜欢美化、讴歌和礼赞大自然，并且喜欢将其进行艺术化地加工，用于建筑、工艺和文艺等领域。日本人喜欢玩味日月星辰、禽兽草木、雨、雪、云、霞、水、雷等自然现象，这在世界上也是少有的。

自古以来，日本民族就有梅花、樱花等漂亮的花木为伴，春有春七草——水芹、荠菜、鼠曲草、繁缕、宝盖草、蔓菁和萝卜，秋有秋七草——胡枝子、芒草、葛藤、石竹、女郎花、泽兰和桔梗。日本又是个多雨的国家，春有春雨和四月的花瓣雨，初夏有梅雨，秋季有阵雨，季节不同，雨的风情也不同，引得历代的文人骚客都忍不住要吟诗作赋，来咏怀雨。云与水本是无形之物，日本人通过独出心裁的设计，赋予其灵动的外形。在日本人的心中，玩味体会大自然是高雅的、愉悦的举动，但欧洲人则没有这方面的体会。看到雪花飘飘洒洒地落下，日本人会拉开纸拉窗，静静地欣赏雪景，可能还会随口吟上几句拙诗，而欧洲人则会赶紧把窗户关上，然后围到火炉旁取暖。

日本人就是这样和大自然为友，并最终被大自然所同化。在日本人看来，庭园是住宅的延续，是住宅的一部分，建筑与庭园是不可分割的关系。即使多小的住宅，也要设计一个庭园，哪怕仅有猫额头般大小，也没关系。如果不种点树，不摆点石景，就会觉得少点什么。在欧洲，没有庭园的概念，在房前屋后，或设计一块平地，或布置一块草坪，总之就是具有实用性的园子，而不是具有风雅韵味的庭园。园子是没有什么趣味性和艺术性的，可以是菜园、果园，也可以是花园，不管种什么，只要达到实用的目的就可以了，和动物园、植物园等属于同一个范畴。庭园和园子虽然听起来类似，其实是两类完全不同的东西。在中国，屋前的空旷场地被称作庭，屋后种植花草树木的场地被称作园，假山泉池等设施被称作林泉，和日本固有的庭园还是有很大的差别。

日本人仰慕高山峻岭，为大自然的伟力所感动，会把峻岳视作神灵来崇拜。古代的登山者在登山时，要求六根清净，要怀有虔敬之心。但在欧洲人眼中，高山峻岭仅是土石的堆积而已——他们会很理性地去观察，去评价山的高与大。欧洲人把登山视作对山的挑战，把登上山顶视作对山的征服，并且以此为傲。

总而言之，日本人将大自然视为亲友，而欧洲人则把大自然视为仇敌。日本的艺术设计中潜藏着一种可以触碰到大自然内心的妙谛，而欧洲的艺术设计则是来源于对自然现象的理性观察与思考，缺乏余韵之妙。

5.4 技艺

　　日本民族的技艺精湛，这是世界各国的共识，尤其是在手工业方面，无出其右者。举个外国人与日本多屉柜的例子。多屉柜由日本细木工制成，多使用日本梧桐。日本梧桐是日本特有的树种，在国外没有。优良的梧桐木材，加上精心的制作，多屉柜的抽屉在推拉过程中，不会感到任何滞涩。抽屉和周边构件的缝隙比一张薄纸还要薄，所以多屉柜的气密性良好，不用担心霉菌病变或者病虫害的发生。有外国人曾做过实验，将多屉柜的抽屉抽出来，前后颠倒后再插入原先的箱体，发现两者之间依然没有任何的摩擦，非常顺滑地就插进去了。外国人看到这一结果，都惊叹不已。当然了，这一结果是细木工师傅精湛技艺的体现，但同时也离不开日本恰到好处的空气湿度和优良的梧桐木材。如果将多屉柜拿到湿度较低的欧洲的话，可能就难以呈现出这样的效果。同样的道理，如果将欧洲的家具拿到日本的话，也会失去其原有的效果。住宅亦是如此，西洋式的住宅适合干燥的环境，如果在高湿度的日本住西洋式的住宅的话，很显然对住户的健康是有害的。

　　在一些著名的建筑中，技艺精湛的木工师傅会把接缝和榫接处理得没有毫厘之差，熟练的葺屋师傅会把屋顶处理得一丝不乱。工匠师傅们天才般的技艺造就出优良的建筑，但若论其根本，还是工匠师傅们理解了大自然的妙谛并努力适应大自然的结果。

　　总之，日本民族的所有艺术都是基于徒手画的图案，而欧洲民族的艺术则是基于器械画的图案。例如在绘制左右对称的图案时，日本人并不拘泥于左右必须百分百对称。这种不绝对的对称反而生出了一种带有含蓄意味的妙趣，而欧洲人坚持的左右绝对对称则会给人一种冷硬无趣之感。所以我认为日本的艺术是活的艺术，而欧洲的艺术是死的艺术。

　　综观自然界中的万事万物，没有任何一件事物是绝对的左右对称。当今世界大约有二十亿人，没有一个人的脸是左右对称的，任何人的左脸和右脸之间都会有微小的差别，这种差别打破了面容的均衡，从而使人看起来生动而富有活力。世间草木的叶子多得难以计数，但其中没有一片叶子是左右绝对对称的。可以肯定地说，上帝在创造万物的时候，就没有创造左右绝对对称的事物。

　　在进行艺术创作时，要想体现大自然的妙谛，就必须避免左右对称情况的发生。要求左右对称的则只有人造的器械。

5.5 科学性

自古以来，日本的建筑都是由木匠来负责建造，因此就有人认为日本的建筑缺乏科学性。如果是外国人，这么认为也就罢了，关键是一些日本人也这么认为，这就只能说这部分日本人对日本根本不了解了。

日本古时候的建筑师都是木匠。在江户时代，又将木匠分为木匠头儿、大木匠和小木匠等级别。对于当时的木匠究竟掌握多少科学知识，虽然研究得有点晚，但还是逐步弄清楚了。近年来，在维修一些国宝级的建筑物时，需要对这些优秀的古建筑进行拆解，所以有机会对古建筑进行详细的研究，同时一些前所未知的古文献和绘画卷轴也先后被发现，为古建筑的研究提供了资料基础。但是，用今天所谓的自然科学的理论去解释当时木匠师傅们掌握的科学知识，还是有些困难。限于篇幅的原因，在文中我难以详细介绍，仅选取一部分给大家做一个概括性的阐述。

首先是处理木材的工具。在日本的古坟中发现了很多木匠使用的工具，如镐和锯等，可以看出在古坟时代日本人就掌握了锻铁技术。后来随着时间的推移，处理木材的工具越来越多，出现了凿子、斧头、刨子和各种各样的锯，以及墨斗和曲尺等工具。工具的增多和发展使得一些高难度的建筑工艺变为可能。

其次是垂直构件的组装。欧洲建筑是砖与石的堆积，而日本建筑则是通过对榫接和接缝的巧妙处理，将所有的构件组装成一个整体。这种组装的结构可以抵抗得住我们能够想象得到的最大地震，从古至今还没有全木结构的建筑在地震中损毁的案例。日本的很多神社、寺庙和宫殿建筑的屋顶或屋檐都会呈现出翘起的立体曲线。按照现在的科学观念，如果没有高等数学的基础，这样的立体曲线是很难呈现的。但是，日本所谓的"规矩术"，通过灵活运用这一技术，很多复杂的问题很简单就可以解决，而且这一技术直到今天还在使用。如果仔细观察日本木结构建筑的一些细节，会发现建筑师令人惊奇的细致周到的设计，例如有些建筑物会由于视觉的错觉，在外观上呈现出歪斜之感，这时建筑师会采取有效的措施来矫正这一错觉，起到的效果真的是很让人赞叹。有人认为日本的木匠技艺精湛，但是缺乏科学知识，有些木匠师傅对此也是表示默认，这实在是遗憾的事情。

江户时代幕府采取闭关锁国政策，限制国民了解外国的事情，国内的技术进步和发展也被阻碍。当时的江户经常会发生大火，有人还给起了一个好听的名字——江户之花。政府当然不能对火灾置之不理，在明历大火[20]以后，幕府开始意识到防火设施的必要性。在江户时代，除了寺庙外，绝大部分建筑物都是草葺的或者木板葺的屋顶，极易燃烧。后来在延宝年间发明了屋面瓦，政府鼓励市民

---

20. 编辑注：明历大火发生于日本明历三年（1657）正月十八到正月二十，是日本史上仅次于东京大空袭、关东大地震外最惨重的灾变。

使用屋面瓦，但推行起来困难重重。直到迁都东京十几年后，草葺屋顶和木板葺屋顶才最终被瓦葺屋顶所替代。在当时的江户还出现了耐火建筑，主要是在墙壁四周涂抹泥灰，取得了一定的效果。

在耐震性方面，据说江户幕府的木结构城堡非常牢固，在历次地震中都没有遭到损毁。此外，安政大地震以后，江户的小田东睿医生曾发明耐震建筑构造法，并公布于世，但其发挥的作用还不清楚。

总而言之，认为日本民族不具备科学素养，不适于学习科学技术的观点是荒谬的，是不能让人容忍的。日本民族自古代开始就具有科学思维，并且使用科学方法来处理事物。明治维新以后，仅仅用了不到八十年，日本就一跃成为世界一流的科技强国。外国人看到这一切，觉得这是奇迹，并且还惊讶不已，这也充分显示出他们的愚蠢无知。日本在科学方面取得今日的成就，绝对不是始于明治维新，早在数千年前就开始了。从古至今数千年间，日本的科学技术一直在积累。如果真如外国人认为的那样，日本是一个毫无科学素养的文盲国家的话，那它也不可能在数十年间一跃而成为世界一流的科学大国。古代的数学大家关孝和[21]，精通天文、地理和测量的伊能忠敬[22]，他们都是足以享誉世界的大科学家。

---

21. 编辑注：关孝和（约1642—1708）字子豹，日本数学家，代表作《发微算法》。出身武士家庭，曾随高原吉种学过数学，之后在江户任贵族家府家臣，掌管财赋，1706年退职。他是日本古典数学（和算）的奠基人，也是关氏学派的创始人，在日本被尊称为算圣。
22. 编辑注：伊能忠敬是江户后期的地理学家、测量家，是第一个作成日本全图的人。他花费将近二十年时间，徒步走遍日本，用测量器经过10次测量（第9次未参加），做成《大日本沿海舆地全图》，也被称为《伊能图》，是一份精确度相当高的实测地图。

平面布置是住宅的根本，木材是建造住宅的最佳之选。建筑的外观要与建筑的性质相吻合，建筑的内容要与建筑的外观相吻合。庭园是住宅的延伸，而住宅也因为庭园的存在而更加美丽。日本古代建筑的优秀基因造就了今天的日本建筑。

6

日本民宅的标准

6.1 平面布置

综合前文所述，若概述日本传统建筑，尤其是最基础的住宅建筑的标准的话，首先应该提及的就是房屋的平面布置。受地区和住户家庭条件的影响，房屋的平面布置会呈现出不同的特点，但总体上还是受气候和风土人情的影响比较大。通常来说，住宅都会朝南，房间布局要求南北通透，以便于空气流通，起到避暑的作用。各个房间呈开放状态，彼此之间相互联系，在需要的时候可以合并成一个大房间。出橡的设计也很重要，既要在下雨天遮雨，又要有效地调节各个季节的日射，确保射入房间的日光冬多夏少。前文中提到的《徒然草》中的那句——住宅的建造应该以度夏为主——是日本住宅建筑永恒不变的主题。

在此再赘言几句房屋的风水问题。江户中后期，尤其是在文化年间和文政年间以后，风水在日本变得非常流行。直到今天，依然有人相信风水，如在东北方向不要留门等。在风水中，东北方向的门是鬼门，如果在这个方向留门的话，会给全家带来灾祸。当然了，这些都是迷信，没必要去相信。不过话说回来，人有面相，家也有家相。就像人的面相会呈现出明朗之相，也会呈现出忧郁之相一样，家相也会呈现出不同的形态，不过这都属于外观的范畴，和风水迷信没有任何关系。

风水最早起源于中国，当今的中国人已经不那么重视风水了，不过对房屋的方位还是非常在乎，房间的摆设、门的位置、土地的高低和流水的方向等也很讲究。在日本的"寝殿造"[23]式样的建筑中可以看到中国风水的影子，不过还是不要讲究的为好。

　　总而言之，平面布置是住宅的根本。布置的好与坏，关乎住宅的优与劣、美与丑，所以在营造住宅时，必须深思熟虑、再三推敲，这样才能确保建造的房屋万无一失。

23. 译者注：平安时代贵族住宅采用"寝殿造"式样，主人寝殿居中，左、右、后三面是眷属所住的"对屋"，寝殿和对屋之间有走廊相联，寝殿南面有园池，池旁设亭榭，用走廊和对屋相联，供观赏游憩之用。

6.2 材料构造

　　木材是建造住宅的最佳之选，不过在大城市的中心地带，一般不允许建造木结构建筑。植物性的木材与矿物性的混凝土和砖等有着完全相反的性能，所以纯日本式的住宅不适合使用矿物性材料。在寒暑干湿的调节上，木材具有比矿物性材料更好的性能，如混凝土浇筑的墙壁在夏天被酷暑浸透以后，很难在短时间内散热；在冬天，被严寒浸透以后，又很难在短时间内回暖，住在里面的人会很痛苦。

　　构架用材选择笔直的针叶树最为合适。装饰用材则没那么多限制，任何木材都可以。屋顶最好用茅草铺设。茅草的茎与叶之间存在适当的间隙，便于空气流通，但是茅草屋顶的房屋必须有人常年居住才行，没人居住时，屋内的空气就不会流通，茅草屋顶也就失去了换气作用，最后不仅是屋顶，就连整个屋子都会很快腐朽掉。其实不只是茅草屋顶的房屋会这样，瓦葺屋顶的房屋亦是如此。所以说，住户爱惜房屋，并不时地清扫，这比什么都重要，只要住户在房屋内居住，房屋就永远不会朽烂。总之，用木材建造的建筑物适合做供人居住的住宅，而用矿物性材料建造的建筑物则适合做容纳人的公共设施或者仓库。

　　木材一般都富有弹性，所以木结构建筑能够有效地抵御强风和地震，如果在结构方面不存在问题的话，基本上能够承受得住任何强度的大风或地震。日本有很多的五重塔，从古至今在地震中损毁的例子从未有过，被强风吹倒的例子也很稀少。最近一次是大阪四天王寺的五重塔，由于结构脆化，被大风给吹倒了。当然了，这样的情况是极少数。担心木结构建筑的安全性，那完全是杞人忧天。其实木结构建筑最怕的是火灾。专家学者一直都在努力研究耐火木材，也取得了一些成果，但离成功还相距甚远。希望在不久的将来，日本能够在耐火木材领域有所突破。

大阪四天王寺五重塔

虫害对木结构建筑的危害也极其巨大，其中最恐怖的就是白蚁。除北部高寒地区外，日本的其他地区几乎都有白蚁存在，将其彻底消灭掉是根本不可能的。

关于日本式木结构建筑的材料构造，需要探讨的地方还有很多，和矿物性材料比起来，植物性材料确实有其不足的地方。俗话说，人无完人，白玉也会有微瑕，木材构造亦是如此。只要我们取其长处，避其短处，就可以弥补纯正日本木结构建筑的缺陷。

6.3 外观

　　通过综合考虑建筑的平面布置和材料构造，自然而然形成的
建筑外观是最自然的，同时也是最美丽的。那些刻意求奇求怪的
建筑物到最后没有一个像样的。一些建筑物，你乍看上去会觉得
很美，但过不了多久就看腻了。自古到今一条永恒不变的真理就
是"最简单的就是最美的"。从这个层面上来说，日本很多纯真
素朴的农家住宅要比那些华丽绚烂的巨型建筑还要美丽。日光的
德川家康的灵庙就是一个典型的反面例子，灵庙的色彩鲜艳，很
夺人眼球，但看一会儿就会觉得厌恶。同样的道理，与那些浓妆
艳抹的彩色画相比，淡雅的黑白两色的水墨画看起来更加美丽。
纯正的日本式建筑就很懂得运用这一手法，强调的是简单素雅，
而不是繁复浓艳。

　　最近，德国建筑的外观流行单调简素的风格，但并不能因
为单调简素就称其为无趣的丑陋的建筑，德国建筑呈现的单调是
一种必要的单调，并不是德国人不懂得什么是美观，也不是德国
人故意地去表现简素，而是整个民族质实刚健的性格在建筑外观
上的具体呈现。俗话说，"从一个人的眉目可以看到一个人的内
心"，建筑亦是如此，通过其外观可以看到建筑所蕴含的内在的
精神。

　　建筑的外观必须与建筑的性质相吻合。例如，神圣的建筑

必须要崇高威严，要让人们在它面前有情不自禁跪下去的冲动；剧场的外观要做到足以吸引观众；食堂的外观要做到人们看到它就垂涎三尺；监狱的外观要充满阴森之气，让人看到它就不寒而栗。住宅与以上所述的建筑不同，它可以有千变万化的外观，这正是住户的人格、职业和兴趣爱好等因素在建筑外观上的反映。我坚信建筑是会说话的。

6.4 内容

　　建筑的内容必须与其外观相吻合。门窗、顶棚、地板，以及家具和日用器具等都要与建筑的风格相一致。凡是不一致的，不管其好与坏，都不是最合适的。宫殿要有与宫殿相配的内容，农宅也要有与农宅相配的装饰。绫罗绸缎即使再美丽，如果穿在身上不合身的话，也会显得丑陋。粗布麻衣即使再简陋，但只要穿着得体，一样会穿出风度。简陋的物品，如果用得适得其所，一样会显得非常美丽。精巧的物品，如果用得不适得其所，一样会显得非常丑陋。纯正的日本建筑是很懂得这一道理的，会将所有物品都使用得恰到好处。

　　我在法国时，曾经到巴黎郊外的卢浮宫去参观。路易十四建造的卢浮宫极尽奢华，灿烂华丽至极，其装潢让人赞叹不已。在参观的时候，我不经意间注意到其他参观者和我本人的穿着，发现大家的衣服也都不寒酸，大多数穿的都是正式的访问服，但就是这样的装扮在这座豪华的宫殿面前还是会显得很不协调。我当时就觉得自己的姿态特别卑微，整个呈现出来的就是一副可怜相。卢浮宫内悬挂的路易十四的肖像画，大家想必都非常熟悉，路易十四穿着丝绸衣服，上面挂满了金银珠宝，显得气度非凡，与卢浮宫的风格正好相吻合。日本也有同样的例子，京都二条城的大广间的第一间[24]虽然没有卢浮宫那般的豪壮绚烂，但其气魄要远远胜于卢浮宫。我曾想象，端坐在大广间上位上的将军在俯视坐在下位上的诸位大名的时候，穿的衣服该是多么华丽呢？陪侍将军的诸位妻妾侍女的服装又该是多么华美呢？每当想到这些，我都会叹服不已。

其实不只是服装，室内的装饰和布置亦是如此。试举两三个例子，在铺设有榻榻米的日本房间内，如果摆上桌子和椅子，就会显得很不协调；如果坐在椅子上去欣赏挂在墙壁上的卷轴画，就会觉得毫无乐趣；如果在榻榻米上摆放欧美产的乱七八糟的物件，怎么看都会觉得别扭。虽然自己屋子的装饰可以自己做主，不容外人置喙，但如果装饰得不伦不类，那别人看了就会皱眉，就会瞧不起了。

24. 译者注：大广间的第一间和第二间是二之丸规格最高的房间，将军在这里正式接见诸大名，将军上位，大名下位。

6.5 庭园

前文已述，日本的庭园与住宅有着不可分割的关系。庭园是住宅的延伸，而住宅也因为庭园的存在而显得更加美丽。庭园是日本建筑所特有的内容，如果将庭园舍弃掉的话，那住宅的价值也就几乎为零了。

日本的庭园是日本人憧憬大自然风光的结果，是人工模仿和改造大自然的产物。日本的庭园是一门艺术，与西洋的园子根本不属于同一个范畴。

庭园的设计千姿百态，大一点的庭园可以布置一些假山泉池，种一些花草树木，摆一些石景等，将庭园与住宅有机地联系到一起。外国人不理解这一做法，认为日本的庭园都是游戏性质的，是虚头巴脑的东西，对那些人造景致不感兴趣。他们只会从物质的层面去看待庭园，而不会用心地从精神层面去赏玩。

欧洲人见到树木，不会去欣赏树的姿态，只会把它当作植物去研究；看到庭园中的石景，不会去欣赏石景的美丽，而是会去研究石头的石质，会在心中默默地估算石头的重量。德国的著名医生罗伯特·科赫先生曾在去世的前一年和妻子一起访问日本，我陪同他们参观了东京的帝室博物馆，并给他们做讲解。我们首先看的是日本美术协会举办的盆景展，在众多盆景中，有一个盆景的松树格外引人注目，松树的树干很矮，枝叶向外扩展着，呈现出趴伏的状态。我情不自禁地介绍说："你看那松树多么美丽啊！"科赫先生没有搭腔，科赫夫人皱着眉头对我说："我没觉得，就是觉得太残忍了！"科赫夫人继续对我说："好好的一棵松树，让它自由生长就好了，为什么要把它的头砍掉，并且还要矫正它的树枝，把它弄成畸形呢？这实在是太残忍了！"从这个例子足以看出日本人和欧洲人在看待事物上的差异。不过，科赫夫人说得确实是对的。日本人在做事时过于关注那些细枝末节，这也是不争的事实。

在国外，没有盆景艺术，也没有插花艺术。外国人爱花，只会从物质层面去欣赏，而不是像日本人那样从精神层面去欣赏。他们栽花就是为了花开，会规规矩矩地将花种到花盆内，然后等着它一天天长大，最后欣赏花的颜色，嗅闻花的香气，仅此而已。

很多来日本访问的外国人在看到日本的风景和庭园后，都会赞美不已，但真正能够深有感触的人并不多。原因在于日本的风景都是小规模的，而外国人喜欢巨大，不喜欢纤细小巧。外国人看到富士山时会非常惊喜，他们惊奇于在日本竟然有如此巨大的山。外国人在观赏富士山时，会欣赏它的高大，欣赏它山脚的宽广，以及欣赏它倾斜的曲线和数学中的抛物线恰好相似。除此之外，没有什么感情的因素。而日本人在欣赏富士山时，则会以日本的历史为背景，将富士山当作神灵来崇拜，不知不觉间就会被富士山的神秘所打动。

6.6 日本建筑的根源

前文已述，日本古代的纯真建筑是日本建筑的根源。如果用人来打比方的话，日本古代的建筑就相当于幼儿，幼儿纯真的性格是其整个人生的根源。幼儿自呱呱坠地起，他一生的命运就被决定了。如果幼儿的体魄健康，父母的哺育完善，成长的环境良好的话，那这个幼儿基本都能够健康成长，身心也会非常健全。俗话说，"三岁看大，七岁看老"。一个天真烂漫、纯真无邪的儿童在成长的过程中必然会不断地发挥他小时候所具备的优良素质。日本的建筑亦是如此。今天的日本能够建造出举世无双的优秀建筑，这和日本古代建筑中的优秀基因是分不开的。

在观察外国建筑的发展状态时，我们可以把国土比喻成母亲，把国民比喻成父亲。综观世界各国，父母都很完善的国家不多。在母亲方面，即从国土的角度来看，要么是酷暑，要么是严寒，要么是不毛之地，要么是山岳耸立；在父亲方面，即从国民的角度来看，要么是逐水草而居，要么是为了食物和邻邦争执不断，要么是异族不断侵入、战乱纷飞、日无宁日。恶劣的生存环境和残酷的生活状态，决定了这些国家的国民容易心术不正，容易性格乖僻，容易在邪路上徘徊不前。和它们比起来，日本就幸福多了。

受上天的恩泽，日本建筑能够茁壮成长，到今天已经历经数千年，虽然这一路上有无数的波澜，有无数的难关，但没有出现任何停滞，一直走到了今天。俗话说，"历经一难，加倍赐福"，日本建筑正是如此。在下一章中，我会就日本建筑的历史予以介绍。

日本建筑的发展史可以分为三期，三期共存共荣。明治维新以后，日本传统木结构住宅坚守着日本的传统，一直走到了今天。

7

日本建筑的三重性

7.1 日本建筑史概要

在世界范围内，若论木结构建筑最为发达的国家，那日本是毫无疑问的不二之选。其一是得益于日本取之不尽的木材资源；其二是得益于日本舒适的气候，使得日本国民完全没必要去构筑坚实强固的墙壁来抵御严寒和酷暑。

日本建筑发展到今天，其外在因素要远远大于内在因素的影响。外在因素指的是对中国文化的吸收和同化，其中又以佛教的影响最为显著。在佛教建筑传入以后，日本建筑才逐渐放射出璀璨的光芒。佛教建筑的影响是全方位的，我们必须承认日本的宫殿、住宅和神社等都是受了佛教建筑的影响，才逐渐变得高级起来。可以毫不夸张地说，明治之前的日本建筑的发展史几乎就是佛教建筑在日本的发展史。

日本建筑的发展史可以分为三期：

第一期是佛教传入以前的日本建筑，被称为纯正日本建筑时代；

第二期是佛教传入一直到明治维新，被称为佛教时代；

第三期即明治维新以后的时代。

其中，第二期又可以分为两个分期：

第一分期，是从佛教传入平安朝，即吸收中国六朝和唐代文化并将其日本化的时代；

第二分期，是从镰仓时代一直到江户时代末期，即吸收中国宋明文化并将其日本化的时代。

我在绪论中已经介绍过，日本建筑发祥于上古的神话时代，当时的建筑都是顺应自然而建，纯真无邪，非常原始。后来，三韩[25]的造船工和建筑师渡海而来，在仁德天皇的皇宫内建造楼阁，还建造了一些其他的建筑。但三韩建筑并没有普及开来，普通的民宅和神社依然沿用日本本土的建筑样式。从日本本土建筑的萌芽到三韩建筑的传来，此后又历经数千年的发展，日本的建筑越来越精练，逐渐形成了日本独特的建筑样式。这一阶段是日本建筑史上的第一期。

接下来，钦明天皇登基后的第十三年，佛教和中国的佛教建筑传入日本。受其影响，日本的建筑也开始发生变化。佛教建筑的屋顶都是瓦葺，而且内部会施以彩绘和雕刻，柱子下方会垫上柱础，这和全部使用植物性材料的日本传统建筑有着很大的不同。当时传入的中国佛教建筑采用的是砖木混合结构，但日本的佛寺并没有沿用中国的这一做法，而是采用日本建筑的传统习惯，采用纯木质结构。奈良县现存的飞鸟时代的法隆寺（详见本章第2节）就是其中的一个典型，它的主体结构全部都是木质结构。在日本精神的影响下，日本吸取中国建筑的精华，并对其进

25. 译者注：三韩是对新罗、百济和高句丽三国的统称。

行改造，最终形成了和中国建筑大不相同的建筑风格。后来到奈良时代时，中国迎来了唐朝的鼎盛时期。日本为了吸收中国文化，派了大批遣唐使和留学生到中国学习。从奈良东大寺的主殿，到该寺的卢舍那佛的铸造方法等方面，都可以明显看到中国唐代建筑和铸造技术的影响。但是，唐代文化对日本的影响是暂时的，从平安时代开始，日本人开始将中国文化日本化，到藤原氏掌权的时候，中国文化就已经完全日本化了。被日本化的除了建筑之外，还有文字，当时日本人在汉字的基础上创造出平假名和片假名，这在日本历史上是一项伟大的成就。镰仓时代，佛教的禅宗传入日本，中国的宋代文化开始影响日本，但是没有给日本文化造成重大影响。后来历经室町时代，到桃山、江户时代时，新传入的宋代文化也完全被日本化了。直到明治维新，纯粹的日本文化一直都是主流。

在中国五千年的历史长河中，第一期文化的最高峰是汉代；第二期文化的最高峰是唐代。日本从唐代引进的文化，其实并不仅仅是中国的文化，而是整个亚洲，甚至部分欧洲的文化。中国的唐代文化在继承了汉代和六朝文化的基础上，又吸收了波斯、印度和阿拉伯地区的最优秀文化，而且还吸收了以罗马帝国所代表的欧洲文化——可以说，当时的唐代文化是在吸收全世界文化的基础上形成的。受地理环境所赐，日本一直能够源源不断地从中国摄取唐代文化。自古至今，世界文化就有自西向东传播的趋势，来自欧洲、西亚、中亚和东亚的文化最终流向远东，抵达隔黄海相望的日本，所以说日本能够吸收各方面的文化看起来是偶然，其实是必然。如果把传播到日本的文化比作猎物的话，聪明的日本民族在看到了中国唐代文化的先进性之后，把所有从大陆传来的猎物都一网打尽，无一遗漏，然后按照日本的烹饪方式制作成美味，细细品尝之后，把营养都充分地吸收到自己体内。

江户时代末期，欧美等国希望通过贸易从日本获得利益，但当时的统治者在处理国际问题时不得要领，最终导致整个江户文化的崩盘。自明治维新起，来自西方的新文化开始出现。自佛教传入起至明治维新已经过1316年，这一阶段是日本建筑史上的第二期。如果把第一期比作建筑的幼儿时代和小学时代的话，那第二期就相当于初中时代和高中时代，而明治维新以后的第三期则相当于大学时代。

如果说中学时代的老师是中国唐代的话，那大学时代的老师自然就变成了欧美。日本建筑从欧美老师身上究竟该学习什么，这是我们必须要认真考虑的问题。大学生诸君年富力强，担负着日本建筑的未来，应该为国家和日本建筑做出自己应有的贡献。

7.2 日本各时期的建筑特色

　　若从宗教层面来说，日本第一期的建筑是神道建筑；第二期的第一分期是佛教的奈良六宗以及天台宗、真言宗的建筑；第二分期主要是禅宗以后各宗的建筑。需要特别指出的是，自佛教传入以后，吸收了佛教建筑因素的神社建筑在各个时代都有出现。总而言之，日本建筑在两千余年的历史长河中，虽有几次波澜，但发生的变化主要集中在一些细部的处理手法上，整体的发展方向并没有发生变化，即各时代建筑的风格始终如一。如下表所示，第一期和第二期又可以分为八个时代。接下来，我将按照时间顺序对八个时代的建筑逐一进行介绍。

第一期			一	佛教传入以前		古 代
第二期	第一分期	前期	二	飞鸟时代		推古时代
			三	奈良时代	前期	白凤时代
					本期	天平时代
		后期	四	平安时代	前期	弘仁时代
					本期	藤原氏时代
	第二分期	前期	五	镰仓时代		源氏、北条氏时代
			六	室町时代		足利氏时代
		后期	七	桃山时代		织田、丰臣氏时代
			八	江户时代		德川时代

7.2.1 佛教传入以前

开辟鸿蒙之初，洞穴和简陋茅草屋是日本国民的两大主要居住场所。后来穴居的生活方式逐渐被淘汰，而简陋茅草屋则不断发展完善，最终形成一种独特的建筑样式。

前文已述，日本最古老的建筑样式是"天地根元造"式。最初的"天地根元造"式茅草屋没有柱子，直接趴伏在地面上。后来出现柱子之后，屋顶被抬高，为铺设地板创造出空间。出云大社采用的就是后来的样式，被称为"大社造"式。

天地根元造

出云大社正殿

在最初的时候，日本并不存在神社建筑，也没有专门为祭神而设计一种特殊的建筑，当时祭神用的都是宫殿建筑。"大社造"和"天地根元造"非常相似，出云大社的正殿的山墙中央有柱子，所以门就不能开在正中间，要从图中的"a"进入，然后转弯经过"b"进入"c"，然后再转弯进入"d"。"d"相当于寝室，"c"相当于起居室，"b"相当于会客室，"a"相当于玄关。

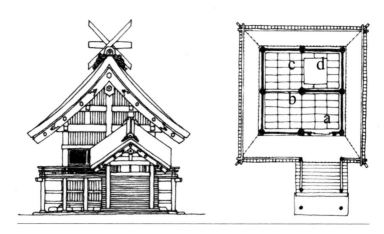

出云大社正殿正面与平面

从出云大社可以看到日本上古时代住宅建筑的雏形。出云大社的立面结构比"天地根元造"式茅草屋更进了一步。

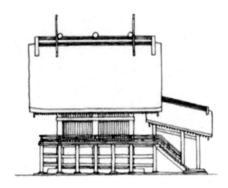

出云大社侧面图

在"大社造"后又出现了"大鸟造",大鸟神社是其中的典型代表。后来又出现了"住吉造",住吉神社是其中的典型代表。以上三种建筑样式采用的都是在山墙上开门的样式。

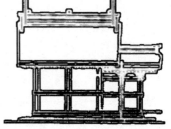

大鸟神社正殿正面、侧面图

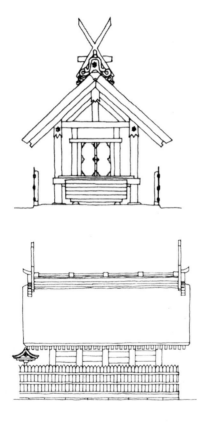

住吉神社正殿正面、侧面图

　　"神明造"与以上三种建筑样式不同，采用的是在正墙上开门的样式，伊势神宫和热田神宫是其中的典型。时至今日，伊势神宫和热田神宫都很好地保留了上古时代的样态，不过和上古时代相比，使用的材料更为优良，做工也更为精细，所做的装饰也更为精致。长方形的建筑框架，圆木柱子的一端深深埋入地下，高耸的千木，大梁上并行排列的鲣鱼木，直线形的倾斜屋顶，"神明造"的这些特点让人不由得会联想到"天地根元造"。其实"神明造"有自己的独特结构——大梁承接柱。"神明造"的大梁特别长，要超出主体建筑好长一截。为了支撑超出的大梁，必须在主体建筑两侧格外布设大梁承接柱。从这一独特的建造手法可以看出上古时代建筑的原始性。

伊势神宫

伊势神宫的建筑样式属于"唯一神明造"，后来在"唯一神明造"的基础上衍变出的新型建筑样式被称为"神明造"。无论是"唯一神明造"，还是"神明造"，都具有直线形的倾斜屋顶、千木和鲣鱼木，唯一的不同是"神明造"比"唯一神明造"更为自由，在一些结构的处理手法上允许发生改变。

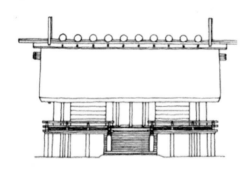

唯一神明造正殿正面图

唯一神明造侧面图

关于三韩建筑对当时日本建筑的影响，虽然现在还没有明确的证据，但是不难推测得出三韩建筑或多或少还是对日本固有建筑造成了一定的影响。神宫皇后掌权的时候，新罗献来"五彩"，日本建筑从此有了色彩。根据仁德天皇的传记记载，他曾经下令毁掉宫殿的装饰，可以看出当时的宫殿已经有了装饰。仁德天皇还曾下令修建高台，雄略天皇也曾命令归化日本的新罗技师猪名部修建楼阁，可以看出在当时的日本已经开始营建雄伟壮丽的三韩式建筑。根据史料记载，当时的日本和三韩已有外交往来，所以在日本出现三韩建筑也不是没有可能。然而，雄略天皇的传记中同时记载有，矶城的县主在自己的屋顶上使用鲣鱼木。这在当时是僭越之举，所以雄略天皇就把他给处罚了。从这段记载可以看出，当时天皇居住的宫殿应该还是有千木和鲣鱼木的纯正日本建筑。所以说，仁德天皇的高台和雄略天皇的楼阁是否真的使用了三韩的建筑样式，现在还很难说。

此外，在当时还出现了一种特殊的建筑——坟墓建筑。当时的坟墓大都呈丘陵状，要么是圆形，要么是前方后圆形。在坟墓周边会挖掘壕沟，在坟丘上会摆上数圈的陶俑、陶兽和陶器等陪葬器物。其实不只是日本，当时的东亚各国在建造坟墓时，基本采取的都是这一样式。坟墓内部有石椁和石棺，有的石椁还会开一个口，与外部相连。石棺大都设计成建筑物的形状，制作工艺非常精巧，据此也足以看到当时的技艺水平和建筑物的形态。

总而言之，在佛教传入之前，日本的宫殿和神社几乎就没有区别，两者都是起源于"天地根元造"式简陋茅草屋，后来进化为使用黑木[26]的"大社造"和"神明造"，然后又进化为使用白木[27]的宫殿。当时的建筑物都非常原始，屋顶会铺设茅草，使用的木材也大都不进行精细的加工，也不会施以色彩，而且其轮廓大致呈直线形，还不具备建造曲线构件的能力。总之，当时的日本建筑采用的都是日本民族自创的建造技术，是绝对的植物性建筑，不会使用任何的矿物性材料。

7.2.2 飞鸟时代

飞鸟时代指的是从佛教传入一直到天智天皇的这一段时期。

钦明天皇十三年（552），佛教传入日本。苏我稻目[28]将所有的信仰都舍弃掉，一心向佛，并且将自己在向原的私宅更名为向原寺。向原寺被公认为是日本最早的寺庙，但是向原寺只是利用原先的宫室建筑，在里面供上佛像，起了个寺名而已，并不能算作是严格意义上的寺庙。后来，苏我稻目的儿子苏我马子在大

---

26. 译者注：黑木是指没有去掉树皮的原木。
27. 译者注：白木是指去掉树皮，并将原木加工成方形或圆形的木材。
28. 编辑注：苏我稻目是日本古坟时代的大臣，苏我高丽之子，有苏我马子等四子三女，他的三个女儿都嫁给了天皇。苏我稻目崇信佛教，对佛教及其他大陆先进文化在日本的传播作出了巨大的贡献。

野的山丘上建宝塔，开启了日本佛寺建筑的开端。崇峻天皇元年（588），苏我马子创建法光寺。推古天皇元年（593），厩户皇子创建四天王寺。推古天皇十五年（607），厩户皇子又创建法隆寺。在飞鸟时代，多座寺庙得以兴建，日本的七堂伽蓝之制渐趋完善。新的佛寺建筑美轮美奂，给日本建筑界带来了巨大变革。

当时的寺庙具有官衙的属性，既是修行佛教的场所，又具有镇护国家的职能，同时还负责处理一部分政务。一般来说，寺庙都是面南而建，在东、西、南、北四个方向开有寺门。在寺院内部的中心部位会用回廊围成一个方形内院，前端开设中门，后端建造讲堂，中间建造金堂和塔。在回廊外侧，讲堂后方的左右两侧建造鼓楼和钟楼。在内院外侧的东西北三个方向建造僧房，再往外就是整个寺院的围墙。按照惯例，金堂一般都是双层建筑，位于二层坛的上方，地面铺设石砖。塔一般为三重塔或五重塔。中门和南大门也一般为双层建筑，有的寺院还会在中门或南大门供奉哼哈二将。此外，寺院内还会有食堂、浴室、正仓院和政所院等附属建筑。

大和法隆寺的金堂、中门和塔，法轮寺的塔和法起寺的塔都是飞鸟时代的建筑。此外，摄津四天王寺的建筑形制也很好地保留了古时候的影子。

从讲堂看法隆寺的金堂、中门、五重塔

法隆寺由东西两院组成，各类堂塔建筑非常完备，被称为百济式的七堂伽蓝。西院北区的建筑被大火焚毁以后，在原有旧址上建造了讲堂，并最终形成了今天的规模。

法隆寺的金堂、塔和门都依然保留着推古时代的样式。柱子是凸肚圆柱，和古希腊的凸肚石柱有些类似。使用云形斗拱，没有使用普通的斗拱。二层的栏杆扶手使用的是"卍"字图案。屋檐只是用檐椽，没有飞椽。椽的配置严格遵守章法，整体形态非常庄重，给人稳定大气之感。上层结构和下层架构相互关联。

法隆寺金堂

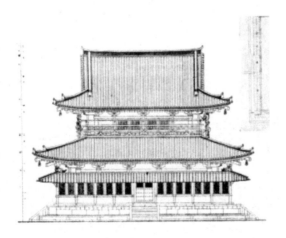

法隆寺金堂立面图

法隆寺中门

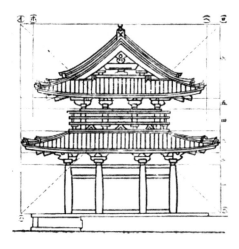

法隆寺中门立面图

法隆寺细部（斗拱）

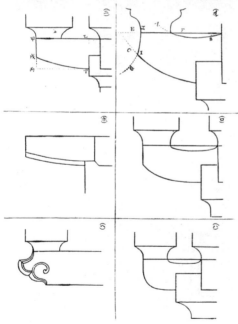

斗拱六种

金堂内摆设的玉虫厨子[29]在推古时代就已经存在，其结构手法和金堂等建筑物的结构手法完全一致，这也从侧面证明了金堂等建筑物都是建造于推古时代。厨子上最引人入胜的就是金铜透雕，上面使用的唐草飞鸟纹样可以追溯到西亚；密陀彩绘纹样则几乎就是纯粹的希腊忍冬纹样。此外，金堂内的壁画、佛像和华盖等使用的也都是印度、西域乃至希腊的纹样。我个人认为这其实是西方文化东渐的结果。

法隆寺玉虫厨子

29. 译者注：玉虫厨子为安置于日本法隆寺金堂内的宫殿型佛龛。

法轮寺、法起寺位于法隆寺附近，与法隆寺的风格类似，其三重塔的形式手法和法隆寺的五重塔几乎是如出一辙。

法轮寺三重塔

法起寺三重塔

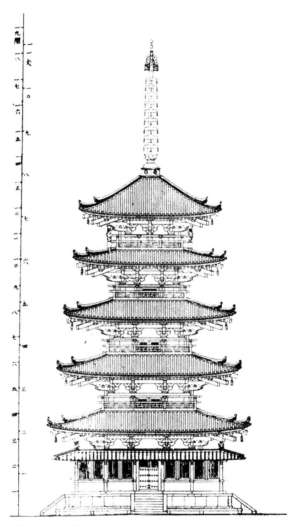

法隆寺五重塔立面图

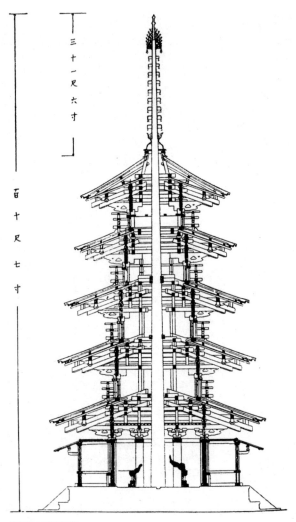

三十一尺六寸

百十尺七寸

法隆寺五重塔剖面图

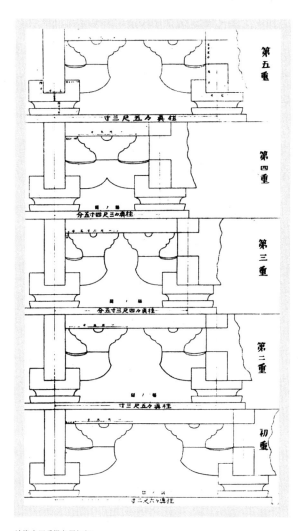

第五重

第四重

第三重

第二重

初重

法隆寺五重塔各层细部

大阪四天王寺的平面布局很好地保留了古时候的影子。东、西、南、北四个方向都开有大门。内部建有内院，内院的正面是中门。从中门往后，五重塔、金堂、讲堂和六时堂一字排开，讲堂的左右两侧是钟楼和鼓楼。金堂屋顶的铺瓦方式类似于古代武士头盔的护颈。金堂和塔都没有使用斗拱，而是使用雕刻的梁托。

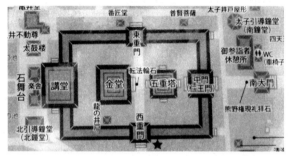

大阪四天王寺平面图

关于飞鸟时代的神社建筑，我了解得不多，不过可以看出，这一时期的神社建筑应该是佛教传入之前的传统神社建筑的延续。

关于飞鸟时代的宫殿建筑，我了解得也不多，不过在《皇极天皇纪》中已经出现了太极殿和宫城十二门的记载。皇极天皇修建的是用木板铺设屋顶的宫殿，齐明天皇修建的是瓦葺屋顶的宫殿。可以看出当时的宫殿建筑已经在模仿中国唐朝的样式。

不过，当时的历代天皇依然保留着迁宫的习惯，在内里是否真的存在雄伟壮丽的永久性建筑，至今还尚存疑问。

7.2.3 奈良时代

前期（白凤时代）

白凤时代[30]是指从天智天皇一直到元正天皇这一段时期，其建筑特点介于飞鸟时代和天平时代之间。

南都药师寺的东塔是唯一保存至今的白凤时代的建筑。白凤九年（672），药师寺始建于飞鸟地区。天平二年（730），按原样在平城京重建。整个寺院的平面布局介于百济式七堂伽蓝[31]和唐式七堂伽蓝之间。按照百济式七堂伽蓝的布局，讲堂应该位于金堂的后侧，但药师寺的讲堂却位于中门和金堂之间。内院内，东西两塔并立，现存的东塔是"龙宫造"式三重塔，每层都有"裳

30. 编辑注：白凤时代，公元645—710年。

31. 编辑注：伽蓝又称僧园、僧院，原意指僧众所居之园林，一般用以称僧侣所居之寺院、堂舍。直至后世，一所伽蓝之完成，须具备七种建筑物，特称七堂伽蓝。"伽蓝七堂"制形成于宋代，"伽蓝七堂"的布局同我国传统四合院布局几乎完全一致，从此成为我国佛寺建筑的固有标准。七堂之名称或配置，因时代或宗派之异而有所不同。通常皆为南面建筑，就以研究学问为主之寺院而言，须具有塔（安置佛舍利）、金堂（又称"佛殿"，安置本尊佛，与塔共为伽蓝之中心建筑）、讲堂（讲经之堂屋）、钟楼（俗称钟撞堂，为悬挂洪钟之所在）、藏经楼（一作"经堂"，为藏纳一切经之堂）、僧房（又作"僧坊"，即僧众起居之所在；分布于讲堂东西北三方，即三面僧房）和食堂（又称"斋堂"）等。日本方面，"七堂伽蓝"一语，七堂的种类与配置，依时代或宗派的不同而有异，其名称也因用途不同而有别。日本最古的伽蓝建筑，可以飞鸟时代（七世纪后半叶）的法隆寺为代表。入其寺，经南大门、中门，至寺中央有金堂与塔并置。北有讲堂、北室。东置鼓楼、东室。西建钟楼、西室。其周围有回廊围绕。此系以金堂与塔为该伽蓝之中心，称为百济式七堂伽蓝。

阶"，所以乍看上去像是六层。东塔使用的斗拱比法隆寺的云形
拱有了进步，但还没有达到在天平时代才出现的出三跳斗拱的水
平。虽然东塔使用了法隆寺中没有的水平撑椽木，但没有使用倾
斜撑椽木，倾斜撑椽木直到天平时代才出现。拱的下方有雕刻，
这被认为是法隆寺云形拱的演变痕迹。柱子是凸肚圆柱，每一层
的栏杆扶手和法隆寺的也是基本相同。椽木同时使用檐椽和飞
椽，这比法隆寺只使用檐椽有了很大进步。塔顶相轮的水烟[32]，其
精美的设计和优良的做工冠绝古今。

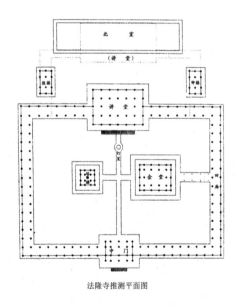

法隆寺推测平面图

32. 译者注：佛塔上方的火焰形装饰。

药师寺三重塔（东塔）

　　在南都海龙王寺还收藏有西大寺五重塔的模型，其建造手法几乎和药师寺的东塔如出一辙，所使用的柱子也全部都是凸肚圆柱。奈良极乐寺内的五重塔据说是模仿元兴寺的五重塔而建，所以也保留了很多白凤时代的建筑特点。

海龙王寺内存小塔模型

白凤时代建造的著名佛寺建筑有大和的弘福寺（齐明天皇元年，即655年）、龙盖寺（天智天皇二年，即663年）、兴福寺（皇极天皇三年，即645年创建；和铜三年，即710年移到现地）、当麻寺（白凤年间）、大安寺（曾用熊凝精舍、百济大寺、高市大寺、大官大寺等名字，每变换一次地点就改一次名字，和铜三年，即710年迁至奈良后，才最终定名为大安寺）。在地方上有近江的崇福寺（天智天皇七年，即668年），下野的药师寺（天智天皇九年，即670年），筑前的筑紫观世音寺（天智天皇创建；天平十七年，即745年竣工）。筑紫观世音寺是一座百济式七堂伽蓝，是当时西日本地区的最重要建筑。

当麻寺西塔

当麻寺东塔

关于这一时期的宫殿建筑，我了解得不是很多。天智天皇修建了太宰府，其正厅被命名为"都府楼"，现在剩下的只有遗址了。持统天皇四年（690），持统天皇营造藤原宫，后来的文武天皇也使用此宫，所以说藤原宫成为两代天皇的皇宫。也正是由此开始，一代天皇一座皇宫的定制被打破。和铜三年（710），元明天皇创建平城京，一直到光仁天皇，七代天皇都是使用平城京。平城京的规划采用中国九经九纬之制，内部划分条与坊，宫殿也都仿照中国唐朝的宫殿样式，屋顶全部都是庑殿顶。平安京的北端设皇宫，正殿名为太极殿，太极殿的遗址至今犹存。另外，朝集堂的部分建筑后来被当作唐招提寺的讲堂使用，从今天保存下来的遗迹依然可以看到当时的影子。法隆寺东院的传法堂据说也是将橘夫人宅邸的部分建筑移建而成，这一说法还是挺可信的。

法隆寺东院传法堂

本期（天平时代）

天平时代是指从圣武天皇一直到平安迁宫这一段时期。佛教建筑在这一时期发展到顶峰。当时的佛教建筑几乎都是模仿中国的唐代佛教建筑，极为洗练，出现了一批典型。这一时期形成的伽蓝制度被称为唐式七堂伽蓝。在白凤时代，东、西两塔是位于中门内，而到了天平时代，东、西两塔移到了中门外。此外，在建筑的整体外形上，也多少有了一些变化。天平时代的佛寺规模一般都比较雄伟壮大，其建造手法非常坚实，出现了一斗三升斗拱、出三跳斗拱、水平撑椽木和倾斜撑椽木，乳栿的结构也渐趋完善，而且还出现了带彩绘的驼峰。这一时期的佛教建筑的各部件的外观一般都比较粗大，给人雄壮之感。

在这一时期，宫殿与宅邸建筑也取得了很大的进步。圣武天皇在位时曾下令，天皇的宫殿，五品以上官员的宅邸和有经济实力的庶民的民宅必须使用瓦葺屋顶，而且外墙必须涂成红色。神护景云元年（767），天皇的玉宫建成，屋顶铺设琉璃瓦，屋内装饰藻绩纹，这些都是中国唐代的建筑手法。在这一时期，除平城京以外，圣武天皇还修建了信乐宫、恭仁宫和难波宫；淳仁天皇还曾将都城迁至保良，可以看出当时的土木工程是非常兴盛的。

在这一时期，神社建筑还依然保留着旧有的样式。宝龟二年（771），藤原百川奉天皇之命制定《造殿仪式》。根据《造殿仪式》的记载，当时的大、中、小神社都是"神明造"式，而且屋顶上都有千木和鲣鱼木，曲线屋顶还没有出现。不过有人提出疑问，早在神护景云二年（767），春日神社就已经创建，那么"春日造"式建筑样式和春日神社是否是同时产生的呢？若根据《造殿仪式》的记载，这一答案当然就是否定的。

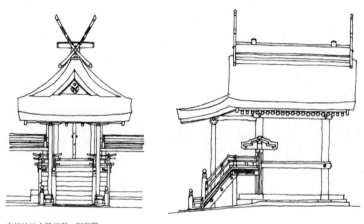

春日神社本殿正面、侧面图

这一时期的最典型建筑就是位于平城京东郊的金光明四天王护国之寺——东大寺（751）。圣武天皇下令要求各国都要修建国分寺，并且在平城京修建总国分寺——东大寺。东大寺的金堂，即大佛殿，高十六丈，东西两塔高为三十二丈。其他各堂的高度也都很高。东大寺堪称日本第一大伽蓝。时至今日，虽然东大寺的大部分建筑已经损毁，但其法华堂依然存在。在镰仓时代，又在法华堂的前面建造了礼堂。历经千百年，法华堂的外观虽然有了变化，但其内部结构依然保持着最初的样子。柱子、斗拱，乳栿、驼峰和顶棚等使用的都是当时的手法，通过对其构架手法的研究，可以很好地了解当时的建筑。

东大寺法华堂

天平神护元年（765）创建的南都西大寺是可以与东大寺媲美的大伽蓝。据文献记载，其金堂内最初供奉的是药师佛和弥勒佛，而且在建造屋顶时使用了一种特殊的建筑手法。

天平宝字三年（759），中国唐代僧人鉴真建造唐招提寺，现在仅有金堂保留下来，整个建筑美轮美奂。金堂面阔七间，进深四间，单层，四注式屋顶，屋脊两端有高高翘起的鸱尾。金堂使用出三跳斗拱，屋檐下端的倾斜撑椽木坡度很低，椽木向外探出很长，而且檐椽的横截面都呈圆形。金堂内部供奉主尊的部位，正面是三间，侧面是两间，上方是格子顶棚，施以彩绘。金堂外部都涂以红漆，倾斜撑椽木之间的彩绘唐草纹样至今尚存。

唐招提寺金堂

　　天平十七年（745）建造的南都新药师寺亦是这一时期的典型建筑。南都新药师寺是单层歇山式屋顶，显得非常简洁素雅，内部的圆形须弥坛和顶棚的制作手法也非常有特点。当麻寺的东西三重塔亦是这一时期的典型建筑，其形式手法酷似唐招提寺的金堂，尤其是其中的东塔，其建筑特点又有点近似于白凤时代的建筑。

新药师寺本堂侧面

大和法隆寺东院的金堂创建于天平十一年（739），俗称为"梦殿"，亦是这一时期的典型建筑。整座金堂坐落在八角二层坛之上，顶部的宝顶设计精巧无比。

法隆寺东院梦殿

　　此外，像东大寺的碾硙门和校仓、海龙王寺的西金堂、法隆寺西院的东大门和食堂、荣山寺的八角圆堂等也都是这一时期的典型建筑。

荣山寺八角圆堂

这一时期，日本建筑界的主要表现有：

（1）完成了日本的唐式七堂伽蓝之制；

（2）建立了日本佛寺建筑的标准，为后世所垂范；

（3）吸收中国唐代的宫城规划方法来规划日本的宫城；

（4）宫室建筑普遍使用中国的建筑样式。

7.2.4 平安时代

平安时代[33]是指从平安迁都一直到平氏灭亡这一段时期。平安时代可以分为前后两个分期：前期是指天台宗和真言宗兴起的时代，这一时代的建筑依然保留着天平时代的遗风，被称为弘仁时代；后期是指与中国唐代断交并不断将中国文化日本化的时代，这一时代的建筑变得优雅、艳丽，并最终陷入奢靡，被称为"藤原时代"。

前期（弘仁时代）

弘仁时代是指从平安迁都一直到遣唐使废止这一段时期。

延历十三年（794），桓武天皇营建平安京。平安京的规划和平成京是一脉相承，北部是大内里，周围有十二道门，大内里的里

---

33. 编辑注：平安时代，指从794年桓武天皇将首都从奈良移到平安京（现在的京都）开始，到1192年源赖朝建立镰仓幕府一揽大权为止。

面有内里、八省院、丰乐院、武德殿和大政官以下诸省寮等部门，其中尤以八省院最为重要。

八省院又名朝政院，是国家最重要的议政场所和举行典礼的场所。八省院的最主要建筑是太极殿，此外还有苍龙楼、白虎楼、龙尾坛、十二堂舍和诸门回廊等，丹楹碧瓦、金珰玉础、朱栏青琐，地面铺的是石砖，屋脊上的鸱尾高高翘起。丰乐院的建筑和八省院基本相似。所有的这些建筑都是模仿中国的唐代宫殿建筑。

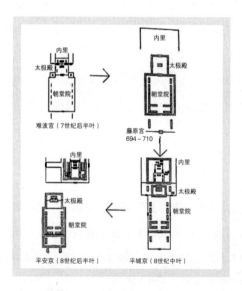

平安京与平城京

内里就是皇居，有紫宸殿、清凉殿等十七座宫殿和七座屋舍。所有的建筑都是独立的，相互之间由回廊连接。虽然内里的建筑是模仿中国的唐代建筑，但内部的装饰和设施却是沿用日本固有的手法。后世的"寝殿造"也正源于此。

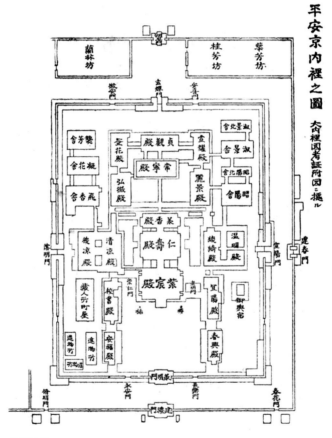

平安京内里

京都御所 紫宸殿

京都御所 清凉殿

这一时期的佛寺建筑也出现了新的生机。天台宗的开山祖师最澄在比睿山创建的延历寺（延历十二年，即793年）、真言宗的开山祖师空海在高野山创建的金刚峰寺（弘仁十年，即819年）、京都的教王护国寺（东寺，延历十五年，即796年创建；弘仁十四年，即823年划归给空海）等都是这一时期的重要佛寺。

奈良时代的佛寺都是面南而建，而且寺内的布局也要求左右对称，但天台宗和真言宗的寺院都是建在山内，根本不可能做到左右对称。虽然在对称性方面和奈良时代有了很大不同，但在建筑的样式手法方面和奈良时代并没有显著差别，只是在堂塔的配置、内部的设施和装饰方面根据各宗教义的不同，出现了相应的变化。延历寺的根本中堂大讲堂的内部结构和金刚峰寺的主塔的样式都显得很有创意。

延历寺

金刚峰寺

教王护国寺（东寺）五重塔

在这一时期，神社建筑并没有发生显著的变化，只是之前的神社建筑的屋顶都是直线形，现在受大陆建筑的影响，开始出现曲线形的屋顶。在"大社造"的基础上演化出"春日造"，在"神明造"的基础上演化出"流水造"，后来又出现了"八幡造"和"日吉造"。"春日造"的典型建筑是奈良的春日神社；"流水造"的典型建筑是京都的上下两座贺茂神社；"八幡造"的典型建筑是宇佐八幡宫和山城的石清水八幡宫；"日吉造"又被称作"圣帝造"，典型建筑是近江坂本的日吉神社。京都的平野神社是将两座"春日造"式建筑物连在了一起。河内的建水分神社的中央是"春日造"，左右两侧是"流水造"，相互之间用回廊连接。

贺茂神社

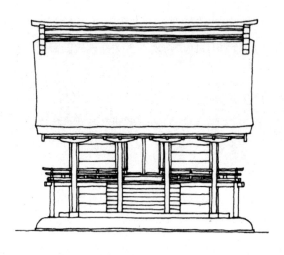

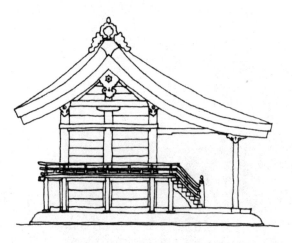

贺茂御祖神社本殿正面、侧面图

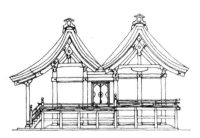

宇佐八幡宫本殿正面、侧面图

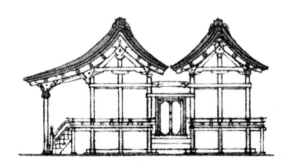

石清水八幡宫正面、
侧面图

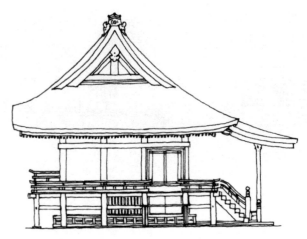

日吉神社本殿

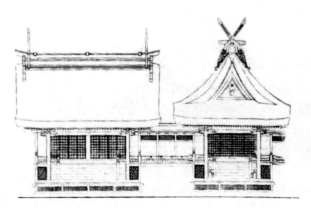

河内建水分神社

大和室生寺的五重塔（天长元年，即824年）和金堂是保存至今的弘仁时代的建筑物。椽的构架形式和唐招提寺的金堂类似。塔顶九轮的形状也非常奇特，而且用宝瓶和华盖代替了水烟。扶手的形状也不再是奈良时代的直线式，上面的横木和中间的横木都出现了一定的弧度。柱子也不再是凸肚式圆柱。

室生寺五重塔

这一时期，日本建筑界的主要表现有：

（1）出现了天台宗和真言宗的伽蓝；

（2）神社建筑也出现了多种样式。

本期（藤原时代）

藤原时代是指从醍醐天皇执政到平氏灭亡这一段时期。

藤原时代是天台宗和真言宗最为兴盛的时代。天皇、大臣和将军们争着皈依佛门，有的单独创建伽蓝，有的则将自己的宅邸捐献为寺院。在这一时期，从中国唐代吸收的建筑文化逐渐被日本化，建筑呈现出优美、华丽、温雅之气；但在后期，建筑逐渐陷入柔弱之风。

在当时的佛寺建筑中，法成寺（治安至万寿年间，藤原道长创建）和法胜寺（承和二年，即875年白河天皇创建）显得尤为雄伟。据史料记载，法胜寺的八角九重塔纵横八十四丈，这里的八十四丈指的应该是塔基的周长是八十四丈，如果是塔高的话，那就有点太不合实际了。这一时期寺院的堂塔建筑和达官贵人居住的宫室建筑一脉相承。宇治平等院的阿弥陀堂（凤凰堂，天喜元年，即1053年）、日野法界寺的阿弥陀堂（永承年间）和大原三千院的阿弥陀堂（宣和元年，即985年）都是这一时期的典型建筑，据此也可以看出当时阿弥陀信仰的强盛。

藤原时代初期的典型建筑是山城的醍醐寺五重塔（天历五

年，即952年），各层的手法富于变化，塔顶的九轮也颇为雄壮，内部残存的彩绘也非常精美。

醍醐寺五重塔

藤原时代中期的典型建筑是山城宇治的凤凰堂（天喜元年，即1053年）。凤凰堂由本堂、翼廊和后尾组成。本堂相当于凤身，面阔三间，进深两间，周边有裳阶环绕。翼廊相当于凤翅，双层建筑，与本堂的左右两侧相连，然后向前转角，转角部分升高作攒尖顶楼阁。后尾相当于凤尾，单层建筑，与本堂的后部相连。凤凰堂整体结构极其精巧，酷似于大内里的八省院及丰乐院的建筑配置。在被誉为这一时代的最美建筑——法成寺已经消失的今天，凤凰堂毫无疑问配得上这一时代最美建筑的赞誉。本堂内部四面都绘有彩画，柱子、斗拱、横撑和顶棚都也都施以彩绘，须弥坛嵌有螺钿，整体洋溢着一种优雅的神韵。

平等院凤凰堂

这一时期佛寺建筑的内部装饰极为华美。依照惯例，殿内中央部位依然置须弥坛，周边围绕栏杆，上面大多嵌有精美的螺钿。须弥坛上面是佛像，佛像头顶是格子顶棚，除顶棚区域外，其他都是裸露的屋顶。柱楣、斗拱和梁桁几乎全部都施以彩绘。木板壁上会绘制彩画，有的直接就在上面绘制佛像（日野法界寺阿弥陀堂）。柱子上大多绘制菩萨像或者唐草纹样。额枋、横撑和斗拱也都会绘制美丽的彩色纹样。但是，建筑的外部则显得非常简单素雅，大多只是涂以红色。

这一时期的建筑整体高度显得比较低，如果是歇山顶的话，山墙的坡度会很缓，屋顶的倾斜曲线也不会很峻峭，整体透出一种温柔的感觉。雕刻技巧使用得不多，只会在乳栿、破风、驼峰和悬鱼等部件使用一些雕刻。

在整个藤原时代，天皇居住的大内里屡次被烧，又屡次被重建，但每次重建之后的规模都和原先不同。除了大内里之外，里内里的建筑也得到显著发展。里内里本来是作为大内里的配套工程而建，只当作天皇的临时住所使用。在天皇定居大内里之后，里内里逐渐变成缙绅的宅邸。但是在这一时期，由于皇居屡遭大火，天皇又搬回到里内里，里内里也就成为名副其实的新皇居。在镰仓时代，里内里的规模渐趋完备，在土御门、闲院和富小路等大臣的经营下，里内里逐渐形成了原有的内里建筑与"寝殿造"建筑相折中的建筑样式。

"寝殿造"是这一时期的缙绅最常使用的宅邸建筑样式，其渊源可以追溯到中国的宫室建筑。其主体建筑被称为寝殿，寝殿的主屋一般面阔七间，进深四间（一间的长度约等于一丈）。周围有厢房环绕，厢房的外侧是半面屋檐，下侧有栏杆。主屋的正面和左右两侧有台阶，四注式屋顶，葺以桧树皮，内部分割成多个空间，主要用于主人的起居。寝殿的北、东、西三个方向修有回廊，直达对面的房屋，这些房屋主要用于家人的起居。东西两侧的房屋向南方伸出回廊，回廊的尽头分别是泉殿和钓殿。寝殿和泉殿、钓殿围成的区域被称为南庭。在南庭的外侧会造泉池，做一些点景景观。大门开在整组建筑的西侧，为四脚门。大门和钓殿之间由回廊相连，在中间部位开有中门。以上所述就是"寝殿造"建筑物的基本结构。

　　关于寝殿内部的装饰，主屋和厢房使用的是格子窗，格子窗内挂卷帘。主屋内部用纸拉门分割成数个空间。主屋的正中间是供主人休息的帐台，左右两侧摆有案几，周围挂有幔帐。帐台内部一般还会放一个两层的柜子，摆放一些日用杂具。"寝殿造"的建筑样式后来不断发生变化，出现了很多变种，一直持续到江户时代。

　　在这一时期，神社的建筑样式也发生了变化。部分神社的鸟居和篱笆被楼门和回廊所代替，而且神社内外的装饰也与当时的宫殿和佛寺渐趋相同，加茂神社和春日神社就是其中的典型。在这一时期的神社建筑中，最具有特色的就是安艺的严岛神社，用海面当神社的用地，用回廊与陆地相连，充满奇趣，让人不禁联想到中国的湖心亭。

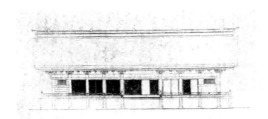

严岛神社本殿

严岛神社多宝塔

严岛神社鸟居及祓殿

严岛神社回廊

此外，山城的大原三千院、日野法界寺的阿弥陀堂、相乐郡当尾村的净琉璃寺本堂（永承二年，即1047年）、磐城白水的阿弥陀堂、近江石山寺的本堂、播磨鹤临寺太子堂和丰后富贵寺的阿弥陀堂也都是这一时期的典型建筑。尤其是法界寺的阿弥陀堂，其风貌非常美丽，足以和凤凰堂一争高下。三千院的内部手法充满奇趣，呈现出一种独特的韵味。陆中地区的典型建筑是中尊寺的金色堂和藏经楼（天仁二年，即1109年）。金色堂是一个四面都为三间的小堂，内外贴有金箔，堂内的中心部位的柱子被称为"七宝庄严"。须弥坛、栏杆以及中心部位的其他设施都嵌有螺钿。金色堂和凤凰堂被并成为这一时期的最美建筑。金色堂中最值得注意的就是新驼峰的出现。在奈良时代所有的驼峰都是板驼峰，而在此时出现了"人"字形驼峰。除金色堂外，在山城上醍醐寺的药师堂和宇治上神社也都出现了这种新的驼峰样式。

　　这一时期，日本建筑界的主要表现有：

　　（1）形成了"寝殿造"建筑样式；

　　（2）内里建筑之外形成了里内里；

　　（3）神社建筑逐渐向宫室佛寺建筑靠近；

　　（4）天台宗和真言宗的寺院极为昌盛；

　　（5）建筑装饰手法大为发展，出现了螺钿和描金画等装饰手法，而且建筑内外都会涂漆。

7.2.5 镰仓时代

镰仓时代指的是从平氏灭亡到建武中兴这一段时期。

这一时期的建筑主要分为两大流派，一派是随着禅宗一起从中国宋代引入的中国式建筑；另一派是固守前期传统的平安朝式建筑。前者被称为"禅宗式"；后者被称为"和式"。禅宗式建筑是临济宗的开山祖师荣西从中国宋代引入，最早应用于京都建仁寺。

此外，还有一个小的建筑流派——印度式，是后乘和尚重源从中国宋代引入，最早应用于东大寺大佛殿的重建。然而，印度式并不能算作一个独立的建筑流派，只是在一些建筑的细节处理上会采用印度式的手法而已。

建仁寺如庵内部

在镰仓时代初期，随着禅宗的昌盛，禅宗式建筑也渐趋强势，不断侵占和式建筑的领地，但和式建筑则固守着自己的传统，和禅宗式建筑秋毫无犯。在镰仓时代中期，禅宗式建筑与和式建筑开始发生融合，再加上不时引入一些印度式（大佛式、天竺式）的手法，因此出现了一批建筑变种。在镰仓时代末期，禅宗式、和式和印度式三者完全融为一体，形成了全新的观心寺式。

这一时期的建筑图谱大致如下图所示：

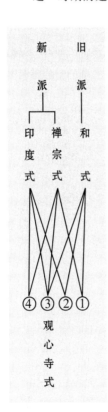

如图所示，三种建筑样式融合产生出四种新的建筑形式，而且每种新的建筑形式又会根据三种建筑样式所占比例的不同呈现出不同的形态。

在这一时期，神社建筑基本还墨守着之前的传统，但是歇山顶的神社建筑渐趋增多。

在非宗教建筑领域，大内里的建筑在经历了极短时间的复兴之后，又突然陷入湮灭。在里内里方面，初期是闲院里内里，中期以后移到富小路里内里。到南北朝时期，北朝是把东洞院土御门当作皇居使用。各个里内里的规模、形式与手法皆大同小异，都是"寝殿造"与内里的折中体。

源赖朝在镰仓开创幕府以后，"武家造"建筑样式开始在镰仓地区兴起。一般的"武家造"式宅邸的外圈都是土墙，正门是安土门，门内右侧有供武士站岗的警卫室，门内紧连门槛的部位有一个高出地面的平台，供迎送客人使用。主殿位于正门左侧，内部一般按照"田"字形进行分割。主殿外侧四面有廊，前廊的左端是中门，右端的门廊供上下马车使用。主殿的正面屋檐都有破风，屋内左内侧房间是整个主殿的主屋，铺设地板，有柜子和书架等家具，不使用低级的木格子窗，而是使用木板、布或纸等做成纸拉门或纸拉窗。屋顶都是普通的板葺屋顶。主殿的后方有其他房屋，主要供家庭成员使用。

"武家造"是在地方民宅的基础上，吸收部分"寝殿造"的特点而成，并不能简单地将"武家造"视为"寝殿造"的变种。"寝殿造"是京都的贵族缙绅所专属的特殊建筑。武士的生活方式与贵族缙绅完全不同，所以"寝殿造"并不适合用作武士的住宅，但是将主殿的一部分开辟为专门的仪式场所，不再当作居室使用，在这一点上则是吸取了"寝殿造"的特点。

这一时期禅宗式建筑的典型代表是镰仓圆觉寺的舍利殿（弘安五年，即1282年），其协调的整体结构、细部的处理手法、轻快洒脱的气韵、灵活运用的曲线和随处可见的彩绘、雕刻都是源自中国的宋代建筑。

印度式建筑主要体现在东大寺的大佛殿[34]和南大门（正治元年，即1299年），带有皿斗的栌斗、在插拱的基础上演变出翘、

---

34. 译者注：现在的大佛殿是元禄和宝永年间重建后的建筑，但其大部分结构还是保留了镰仓时代的特点。

自由配置的斗拱、隐藏椽木的设计和特殊的彩绘纹样等都是其主要特点。播磨净土寺的净土堂、山城上醍醐寺的藏经楼、东大寺的开山堂和钟楼等也都使用了印度式的建筑样式。

这一时期的和式建筑不胜枚举。多宝塔的典型例子是近江的石山寺（建久年间创建）和高野山的金刚三昧院；五重塔的典型例子是山城的海住山寺等；三重塔的典型例子是奈良的兴福寺；佛堂的典型例子是京都的莲花王院、大和的当麻寺、近江的西明寺、若狭的明通寺等；鼓楼的典型例子是唐招提寺；钟楼的典型例子是新药师寺；八角圆堂的典型例子是奈良的兴福寺（北圆堂）；楼门的典型例子是奈良的般若寺。

石山寺多宝塔

海住山寺五重塔

西明寺三重塔

　　观心寺式的典型建筑是河内的观心寺本堂，这是一座根据真言宗的教义建造的本堂，面阔七间，进深四间，单层歇山顶。本堂内部分为内外两个中心区域，内部的中心区域的中央是护摩坛，左右两侧是绘有金刚界曼陀罗和胎藏界曼陀罗的挡板。细部的处理手法是禅宗式与和式混用，双斗和变化多端的斗拱使用的则是印度式的手法。

　　东大寺的钟楼是印度式的一个变种，其斗拱的手法，尤其是昂的手法非常特殊。内部的梵钟的龙头上刻有"延应元年（1239）二月三十日造"的铭文，或许钟楼也是这一时期改建的。

这一时期，日本建筑界的主要表现有：

（1）创立了禅刹建筑；

（2）创立了"武家造"建筑样式；

（3）在佛寺建筑中，出现了和式、禅宗式和印度式三个流派，但后来彼此之间相互融和，最终形成了观心寺式。

7.2.6 室町时代

室町时代是指从建武中兴到足利氏灭亡这一段时期。

这一时期，禅宗伽蓝在之前的基础上逐渐发展到顶峰。一般来说，禅宗伽蓝都是面南而建，中轴线上从前到后有山门、三门[35]、佛殿、法堂和方丈室等建筑，在两侧则有禅堂、钟楼、藏经楼、开山堂、浴室和东室等附属建筑。像这种各种殿宇完备的禅宗伽蓝又被称作"禅刹七堂伽蓝"。

三门一般都是双层建筑，上层会供奉戴宝冠的释迦牟尼佛和十六罗汉，在门的左右两侧会设计翼廊，门前设有台阶。佛殿和法堂大多是"双重雨打造"式建筑，地面铺设石砖，顶棚装饰镶板，上层的屋檐使用扁椽，斗拱和其他细节部位都采用禅宗式手法，内外的装饰亦严格遵循禅宗教义，不使用浓重的色彩。

---

35. 译者注：三门是佛教建筑中特有的一种门，正中间是一个大门，两侧有两个小门，分别表示空门、无相门和无愿门。

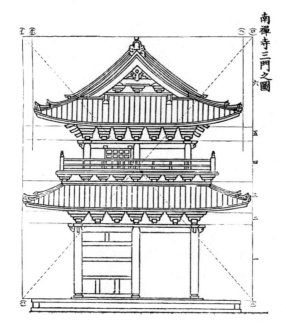

南禅寺三门之图

南禅寺三门图

南禅寺三门

时至今日，保存完好的禅刹寺院主要有京都的大德寺（正中元年，即1324年改建）和妙心寺（文明九年，即1477年重建），镰仓的建长寺（建长五年，即1253年创建）和圆觉寺（弘安五年，即1282年创建），但遗憾的是，这些寺院都不是最初的原物了。

大德寺法堂

大德寺法堂内部

大德寺唐门

建长寺梵钟

　　天龙寺（康永二年，即1343年创建）、建仁寺（建仁元年，即1201年创建）、相国寺（永德三年，即1383年创建）、东福寺（宽元元年，即1243年创建）和南禅寺（永仁元年，即1293年创建）被称为"京都五山"[36]。建长寺、圆觉寺、寿福寺（正治二

36.译者注：根据时代不同，五山的位次和寺名也会发生变化。

年，即1200年创建）、净智寺（弘安中期创建）和净妙寺（文治四年，即1188年创建；元亨二年，即1323年更名为极乐寺）被称为"镰仓五山"。无论在规模上还是形制上，"镰仓五山"和"京都五山"都存在很多相同之处，但整体来说，"镰仓五山"的规模较小，显得比较粗糙，远远比不上"京都五山"。

在这一时期，和式、禅宗式和观心寺式依然存在，但印度式渐趋消亡。东福寺的插拱就是印度式在这一时期留下的痕迹。观心寺式主要存在于畿内、山阳和南海地区，播磨的鹤林寺本堂（贞和三年，即1347年）是其中保存最完好的建筑。禅宗式主要有美浓多治见的永保寺（文和元年，即1352年）、信浓别所安乐

安乐寺八角四重塔

严岛神社五重塔

寺的八角四重塔、近江芦浦的观音堂、严岛神社五重塔（天文元年，即1532年）等。和式主要有奈良兴福寺的东金堂（应永二十二年，即1415年）和五重塔（应永二十八年，即1421年）。其实，当时绝大部分建筑都是禅宗式与和式的混用，并且以禅宗式为主。

在非宗教建筑中，宫城建筑由于屡遭大火，所以改建频繁，在形制上发生了显著的变化。宅邸建筑除了"寝殿造"和"武家造"以外，又出现了两者的融合体，足利义满在三条室町修建的宅邸就是其中的典型。应仁之乱后，"书院造"开始出现，当时的缙绅的住宅大都选择这一建筑样式。"书院造"是在"武家造"的基础上产生的，主要特点是将"武家造"大门内右侧的警卫室挪到了玄关内，去除了"武家造"中的中门和供上下马车使用的门廊，各个房间内都铺设榻榻米，家具和天棚等都施以彩绘等。此外，在足利义政执政时出现了茶室，后来逐渐发展，在桃山时代臻于完善。

在这一时期，庭园开始流行起来，出现了一批与庭园景致相协调的点景建筑。鹿苑寺的金阁（应永四年，即1397年）、慈照寺的银阁（文明十一年，即1479年）和东求堂等都是其中的典型。

这一时期的神社建筑深受佛寺建筑的影响，很多神社建筑采用的就是和佛寺建筑一样的建筑手法，冈山的吉备津神社就是其中的一个典型，它直接采用了印度式的建筑手法。

吉备津神社

东福寺的三门和禅堂是这一时期的典型建筑。三门初建于宽元元年（1243）伽蓝创建之时，虽然后来在应永中期进行了重建，但依然保留了最初的形制。三门采用的主要是禅宗式建筑手法，但其中也掺杂使用了一些印度式的建筑手法，面阔五间，三个门洞，规模宏大，形态整备，手法雄伟，让人叹为观止。斗拱主要是禅宗式，但其中也有印度式的插拱。栏杆使用的也是禅刹所特有的栏杆样式。上层的装饰也全部采用中国明代的装饰手法。

鹿苑寺的金阁是日本最古老的多层宫室建筑，位于足利义满的别墅内，最初是庭园中的点景亭子，其样式仿照中国的三层楼阁，屋顶葺以桧树皮，阁顶冠以宝顶。金阁的建造手法虽然大多是出于禅刹建筑，但其更为清晰简洁，摆脱了宗教的羁绊，开创了一种全新的建筑样式。

鹿苑寺金阁

　　慈照寺银阁的结构和金阁几乎完全相同，只是建筑手法更为简洁。金阁是三层，而银阁仅有两层。东福寺的禅堂和三门、万寿寺的爱染堂亦是这一时期的典型建筑。信浓安乐寺的八角三重塔是室町时代初期的建筑，每重都有裳阶，在全日本仅有这一座，非常珍贵。

　　奈良兴福寺的五重塔和东金堂虽然在平面布局和外形方面都是沿用奈良时代初创时的样式，但其细部的处理采用的却是室町时代的手法，所以又被称作室町时代的奈良建筑。奈良西郊的喜光寺的本堂亦是如此。

兴福寺五重塔

播磨鹤林寺的本堂虽属于观心寺式，但其手法要比观心寺更为不羁。备后的净土寺和西园寺亦属于这一系统。

净土寺多宝塔

总之，室町时代前半期的建筑相当于是镰仓时代建筑的延续，而应仁之乱以后的后半期的建筑则拉开了桃山时代建筑的序幕。其实，足利氏末期的建筑已经非常具有桃山时代的特点了。

这一时期，日本建筑界的主要表现有：

（1）禅刹伽蓝的形制最终完成；

（2）创立"书院造"建筑样式，茶室建筑开始出现；

（3）和式、禅宗式和观心寺式三者并立并相互融合，印度式消亡；

（4）彩绘和雕刻渐趋发达，开始为迈入桃山时代做准备。

7.2.7 桃山时代

桃山时代是指织田信长和丰臣秀吉执政的这一段时期。

在这一时期，宫室建筑得到极大发展，而宗教建筑则一蹶不振。这一时期的建筑充满活力，富于独创性，打破了过去的传统，开拓出一片全新的领域，尤其喜欢使用彩绘和雕刻，而且随处都可以看到色彩极为鲜艳的彩画和纹样。总之，桃山时代的建筑开始尝试使用一些自由的建筑手法，并大获成功，而且在装饰方面也追求绚烂多彩。

这一时期的各种建筑不再拘泥于和式或禅宗式等建筑样式，开始尝试使用一些新的建筑手法，其中最典型的就是宫室建筑，而佛寺建筑则陷入追随宫室建筑的命运。在此之前，宗教建筑是日本建筑界的核心，而到了桃山时代，宫室建筑则成为日本建筑界的核心。

这一时期，佛寺建筑的最重要大作就是京都的方广寺（天正十四年，即1586年），其规模一度超越了原先位居第一的南都东大寺。京都东寺的金堂亦是这一时期的一大杰作，其中使用了插拱的技术手法。在地方上，陆前松岛的瑞岩寺结构奇巧，也是这一时期的知名建筑。

宫室建筑和城堡建筑一起，成为这一时代的最大赢家。在室町时代开始出现的"书院造"，在桃山时代发展到顶峰，其装饰尤其喜欢使用华丽的雕刻和彩绘。日本的雕刻和绘画艺术在这一时期开始与建筑结合，大大提升了日本建筑的美感。

这一时期的皇居建筑依然没有什么起色。当今京都仁和寺的金堂据说就是天正年间营造的皇居中皇后的居所——紫宸殿。南禅寺的方丈室据说是当年皇居中的清凉殿，但我觉得这一说法不太可信，即便是的话，那当今的方丈室也肯定不是当年清凉殿的原型了。此外，大德寺的山门据说是庆长年间营造的皇居的正门，这一说法还是很可信的。从以上这些建筑，也可以窥见当时皇居建筑的影子。

仁和寺金堂

在桃山时代，城堡建筑得到极大发展。从平安时代一直到镰仓时代，城堡都是由土垒和木栅栏组成。后来到南北朝时代，城堡建筑不断发展，出现了石垒和土墙。尤其是在足利氏末期，由于枪炮的使用，城堡建筑进一步发展。开始在城堡的周围挖掘数圈的壕沟，在城堡内侧构筑很高的石墙，然后在石墙上建造多门墙，在城墙拐角部位建造高达数层的角楼，壕沟上架桥。城门使用钉贯门，又称鑰石门或高丽门，城门内设瓮城，然后是二城门，二城门上方建造城楼。城内挖掘壕沟，将城内区域划分为三丸、二丸和本丸等区域。本丸内建造城主的居所，一般都是"书院造"式建筑物。城主居所的旁边通常会建造高达数层的天守阁，起到监视四方的作用，同时也使城堡看起来更雄伟。可以说，城堡建筑为日本建筑增添了新的光彩。现在日本留存下来的城堡建筑有很多，像安土城（天正四年，即1576年）、大阪城（天正十二年，即1584年）、聚乐第（天正十五年，即1587年）和伏见城（文禄二年，即1593年）等都是城堡建筑中的杰作。此外，散落在全国各地大大小小的诸侯城堡，也大都修建于天正和庆长年间。

在豪华壮丽的城堡建筑兴起的同时，千利休的茶道也不断得以完善，茶室建筑逐渐流行起来，出现了一大批体现幽邃闲雅之趣的茶室。此外，很多住宅内也会单独设立茶室，这被称为"茶席"。这一时期茶室建筑的典型代表有京都西本愿寺的飞云阁（聚乐第的遗存）和大德寺的孤蓬庵。桂离宫虽然是修建于江户时代，但体现的还是桃山时代的特点。

西本愿寺飞云阁

大德寺孤蓬庵编笠门

在这一时期，日本还出现了一类特殊的建筑形式——灵庙建筑，其中最早的例子就是位于京都阿弥陀峰上的丰国庙（庆长四年，即1599年）。丰国庙采用了一种全新的建筑样式——"权现造"。后来，桃山时代的很多神社也都采用了这一建筑样式，京都的北野神社（庆长十二年，即1607年）就是其中的典型。它的主殿与拜殿由"石间"相连，拜殿的左右修建奏乐所和神馔所，形成所谓的"八栋造"结构。一般来说，此种形制的神社都会有楼门、唐门和回廊等。

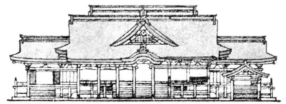

北野神社本殿及
正面图

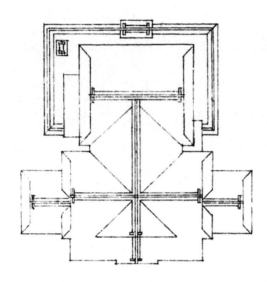

北野神社本殿俯瞰图

北野神社本殿侧面图

　　京都西本愿寺的书院（鸿间）是桃山时代保存下来的重要建筑。据说此座书院最早是位于伏见城内，规模宏大，大厅内上座的左侧又设计了一个更为凸起的上上座，栏杆之间有精美的雕刻，一看就是非常典型的桃山时代建筑。

西本愿寺书院（鸿间）

西本愿寺的飞云阁，高为三层，四注式屋顶，葺以桧树皮。屋顶的曲线、两翼的配置、山墙的变化、二层的破风和三层的窗户都处理得恰到好处，显得非常协调，布局极为巧妙。西本愿寺的唐门据说就是当时伏见城的正门。唐门的屋顶在后世进行过修葺，已经看不出最初的样子，上面的雕刻虽然在宽永年间进行过重修，但大部分还是保留了桃山时代的风貌。唐门的前后都有破风，而且左右都有歇山，可以说是开辟了桃山时代建筑的一个新类型。

西本愿寺唐门

　　京都大德寺的唐门据说最早是位于聚乐第内，是一座四脚门，前后都有破风，左右有歇山，雕刻大胆豪放，色彩华丽绚烂，装饰的金属器物也都非常复杂。此外，丰国神社的唐门、高台寺的正门、金地院的书院和竹生岛神社的唐门都是伏见城的遗存，虽然其建造手法多少存在一些差异，但其雕刻和纹样的奢华程度却是基本相同。自古至今，日本对大门就非常重视，早在镰仓时代就已经出现了唐门这一建筑样式，但当时的唐门仅有向唐门和平唐门两种。到桃山时代后，唐门的形式渐趋复杂，到江户时代初期出现了更多唐门的变种。

大德寺唐门

丰国神社唐门

山城醍醐寺的三宝院有唐门、宸殿和书院，其中书院依然残存着"主殿造"的遗风。近江园城寺的劝学院采用的亦是"主殿造"建筑样式。京都东寺的观智院已经摆脱了正规"书院造"的形制，开始向住宅转变。

醍醐三宝院

醍醐三宝院宸殿

醍醐寺书院

园城寺光净院客殿

东寺观智院

　　关于桃山时代的建筑，尤其值得一提的就是天主教建筑，京都的南蛮寺（永禄寺）就是其中的一个典型。南蛮寺虽是天主教教堂，但其外观却不同于西方的教堂，而是和当时的寺院有些相似。此外还有传言说在丰后和肥前等地区存在过意大利文艺复兴式的会堂和学院，对此我觉得不太可信。

　　总之，这一时期日本建筑界的主要表现有：

　　（1）宫殿建筑得到极大发展；

　　（2）茶室和茶席建筑得到极大发展；

　　（3）城堡建筑不断发展完善；

　　（4）出现了"权现造"式的灵庙和神社；

　　（5）短时出现天主教建筑；

　　（6）建筑装饰方面超越了和式和禅宗式的限制，开始自由设计，并大量使用雕刻和绘画，整体装饰比较豪放。

7.2.8 江户时代

江户时代是指从大阪城陷落到明治维新开始这一段时期。江户时代又可分为前后两期：前期是指从二代将军德川秀忠到七代将军德川家继这一段时期；后期是指从八代将军德川家吉到明治天皇掌权这一段时期。江户时代的前期又可以分为两个分期：第一分期是指以三代将军德川家光为中心的宽永时代；第二分期是指以五代将军德川纲吉为中心的元禄时代。宽永时代依然保留着桃山时代的遗风。到元禄时代，桃山时代的影响依然存在。但到德川吉宗以后，桃山时代的意趣就彻底消失了，换成了全新的江户意趣。

宽永时代的建筑和桃山时代属于同一类型，设计流入散漫，技巧陷入繁缛。元禄时代的建筑追求华美，但变得非常纤弱。到江户时代后期，日本建筑界的创意陷入枯竭，在技巧方面也陷入粗笨，这一沉沦景象一直持续到幕府末期。

随着江户城的完成和江户城市建设的推进，在江户初期，建筑技术得到极大发展。由于当时的江户频发大火，人们开始关注建筑的耐火性能，普通民宅开始在屋顶上葺瓦，并且开始在房子的外壁上涂上泥巴，这样可以有效地防止自己的木结构房屋被引燃。在江户初期还发生了数次大地震，所以房子的耐震性能也受到越来越多的关注。幕府时代的建筑世家主要有甲良家和平内家两家，在建筑的样式手法上，甲良家标榜建仁寺流，平内家则主张四天王寺流。虽然建仁寺流是出于禅宗式，四天王寺流是出自和式，但两者之间并没有大的差别，皆是被江户化了的桃山式。后世的工匠在吸收两大流派建筑技艺的过程中，形成了一套固定的木工建筑法。这反而促成了江户建筑的墨守之风，工匠们怠于创新，建筑艺术也陷入停滞，最终走到了无药可救的地步。江户后期的日本建筑完全是作茧自缚，做出木工建造法，结果却将自己禁锢住，这实在是愚蠢之举。

江户时代的皇居建筑值得一提的就是"宽政营造"和"安政营造"。"宽政营造"是在光格天皇的授意下，由松平定信监督完成，紫宸殿和清凉殿等部分建筑采用的都是平安时代的旧制。"安政营造"则几乎是完全模仿"宽政营造"，今天的京都御所就是当年"安政营造"的产物。

德川家康执政时，在江户建立了柳营，其本丸和西丸的殿舍规模宏大，建筑美轮美奂。虽然后来几经改建，但直到明治时代，其规模都没有大的变化。柳营中的重要建筑是大广间、白书院和黑书院，其建筑沿用的都是桃山时代后期的建筑样式，并在此基础上有了显著的发展。诸侯的官邸相当于柳营的缩小版，而普通武士的宅邸又相当于诸侯官邸的缩小版。这一形式一直存续到明治时代，当时很多绅士的住宅采用的还是江户时代武士住宅的样式。现存的京都二条离宫最初是庆长年间创建的二条城的主要建筑，后来在宽永年间进行了修补，其中大广间用的柱子的直径都达到八寸甚至一尺以上，顶棚高为二十尺，屋顶高为六十尺，顶棚采用格子天棚，每个格子都有色彩极为鲜艳的彩绘，墙壁和隔扇都是金底，上面绘有漂亮的彩画。大广间内铺设地板、设有高出地板的上座、客厅、柜子和账台等设施，随处都装饰着璀璨的金属装饰件。

原本丸西侧石垒

　　能够完整保存到今天的诸侯官邸一个也没有，不过一些零散建筑还是保存了下来，例如东京华族会馆的大门来自萨摩侯官邸，东京帝国大学（今东京大学）的赤门则来自加州侯官邸。

东京原华族会馆正门

东京帝国大学赤门

此外，德川家康曾经短暂居住过的建筑也保存下来一些，例如近江草津附近的永原御殿、东海中山两道的驿站中仅存的本阵、京都东北郊的诗仙堂、伊势松坂的铃屋和伊豆韭山的江川氏邸等。时至今日，这些建筑都已经成为非常珍贵的文物。

这一时期，神社的建筑形式多为"权现造"式，延续着桃山时代的遗风，而且多数神社都是依葫芦画瓢之作，真正具有创意的新神社乏善可陈。江户的日枝神社（万治二年，即1659年）和根津权现社（宝永三年，即1706年）是江户时代神社的典型代表。

德川家历代将军的灵庙是江户时代最为显著的建筑。初代将军德川家康先是被赐予神号"东照大权现"，灵庙被称为东照宫。可以看出德川家康死后，他是被当作神来供奉的，所以其灵庙自然也就有了神社的性质。最初，德川家康是被葬在骏河的久能山，后来移葬到后下野的日光寺。现在的东照宫其实是宽永十三年（1636）改建后的建筑。东照宫是神社建筑和佛寺建筑的结合体，殿舍门廊全部涂漆，然后在上面绘制色彩鲜艳的彩绘，装饰着精美的金属装饰品、雕刻和绘画，其美丽程度空前绝后。东照宫有一种想凌驾于桃山建筑之上的抱负，所以使用了一些超出常规的建筑手法，而且装饰也要求极尽华美，虽然依然遵循着建筑的法则，但已经不是那种按照普通法则建造的建筑。

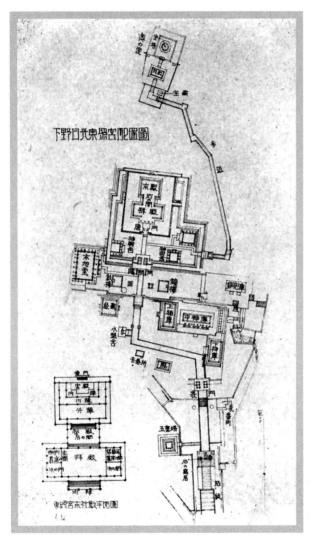

日光东照宫

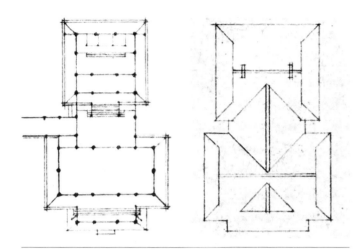

东照宫社殿平面图、俯瞰图

久能山东照宫细部1

久能山东照宫细部2

　　自二代将军德川秀忠以后，历代将军都被当作佛来供奉，所以灵庙的建筑布局和佛寺类似，但其殿宇都是"权现造"式，建筑形式大都是神社建筑和佛寺建筑的结合体。德川秀忠的灵庙被称为台德院（宽永七年，即1630年），位于江户增上寺。三代将军德川家光的灵庙被称为大猷院（承应三年，即1654年），位于下野的日光，其华丽程度稍逊于东照宫。四代将军至七代将军的灵庙位于江户宽永寺和增上寺，自八代将军以后则不再建造单独的灵庙，而是选择合葬于先祖的灵庙。

台德院外观

台德院本殿内部

大猷院唐门

大猷院内部、水盘舍

其实，东照宫并不仅有日光那一处，在日本各地还有很多地方也都建有东照宫。除日光和久能山之外，江户的宽永寺和增上寺、仙台、和歌山、近江的坂本和静冈等地也都建有东照宫。时至今日，这些建筑全部都被划入了神社行列。

诸侯也有各自的灵庙，但规模大的很少。仙台伊达氏的灵庙被称为瑞凤殿，雕刻和彩绘都非常精美，类似于德川家的灵庙。

江户时代的佛寺建筑，在江户的主要有宽永寺（宽永四年，即1627年）、浅草寺（庆安二年，即1649年）、增上寺（山门建于宽永元年，即1624年）、护国寺（本堂建于元禄年间）等；在京都的主要有妙心寺（法堂建于明历二年，即1656年），佛殿建于天保二年，即1831年）、清水寺本堂（宽永十年，即1633年）、东寺的五重塔（宽永二十年，即1643年）、智恩院山门（元和二年，即1622年）和本堂（宽永十年，即1633年）、南禅寺山门（宽永五年，即1628年）等。总之，这一时期江户的佛寺建筑的价值不如京都的佛寺建筑。此外，比睿山延历寺的中堂（宽永十九年，即1642年）和大讲堂（宽永中期）也是这一时期的典型建筑。信浓善光寺的本堂（宝永四年，即1707年）的建筑样式非常特殊，也很值得一看。

宽永寺五重塔

浅草寺五重塔

浅草寺本堂

清水寺本堂

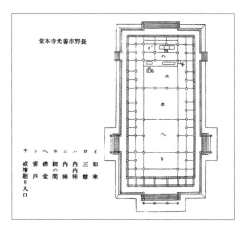

善光寺本堂平面图

在江户时代前期，佛教的黄檗宗开始兴起。长崎的崇福寺（宽永六年，即1629年）就是保存至今的黄檗宗寺院，其样式是完全模仿明末清初中国的禅寺建筑风格。山城宇治的万福寺（宽文元年，即1661年）也是黄檗宗寺院，但它和以往的禅寺不同，建筑样式采用的是半中国半日本式。此外，曹洞宗的总本山——越前的永平寺也体现出很强的中国化倾向。

黄檗山万福寺唐门

在江户时代，统治者大力推崇儒学，在日本各地修建了一批孔庙和校舍，建筑形制则是完全照搬中国。在当时的日本，孔庙并不被叫作孔庙，而是被称作圣堂。江户圣堂创建于宽永十年（1633），最初位于忍冈，后来于元禄四年（1691）移到汤岛，宽政十一年（1799）又进行了重建。江户圣堂的主殿被称为大成殿，据说是按照朱舜水留下的模型而建，圣堂内的学堂被称为昌平黉。江户圣堂、水户的弘道馆和佐贺附近的多久圣堂被并称为"三圣堂"。此外，在足利、冈山和长崎等地也有一些比较知名的圣堂。

大成殿

在江户时代的建筑种类中，值得一提的还有公共建筑，其中最显著的就是剧场。此外，像游廓（烟花巷）、混堂（浴室）和旅舍等也有了很大发展。江户时代的经济发展迅速，百姓的生活水平普遍提高，所以对娱乐设施的需求也就越来越大。

总之，这一时期日本建筑界的主要表现有：

（1）灵庙建筑隆盛；

（2）宅邸建筑进一步发展；

（3）黄檗宗佛寺出现；

（4）儒学建筑出现；

（5）公共建筑进一步发展；

（6）开始考虑建筑的耐火耐震性能；

（7）新形成的木工建造法禁锢了建筑的发展。

江户剧场内部

江户时代的商铺

7.3 三期共存共荣

上文对日本建筑的历史进行了简单概述。大家可能会发现一个不可思议的现象，那就是在今天的日本，三个时期不同风格的建筑同时存在着，并且呈现出共存共荣的状态。

环顾今天日本的建筑，乍看上去，会有一种杂乱无章的感觉。在大城市中，欧美风格的高楼大厦鳞次栉比，这都是第三期的建筑。然而，与这些高楼大厦相邻的可能就是中国风格的寺庙和佛塔，这是属于第二期的建筑。同时，在旁边可能又会有日本传统的神社，这是属于第一期的建筑。三种时期的不同风格的建筑和睦相处，共同诉说着日本建筑的历史。在郊外，素朴的农家民宅掩映在山林田野之中，别有一番风趣。如此多样风格的建筑混杂在一起，没有人会觉得奇怪，大家都觉得习以为常，觉得就应该是这样。不过仔细想一下，其中还是藏着令人惊讶的重要理由的。

全国登记在册的神社有十一万座以上，没有登记在册的神社就更多了。神社是日本国民信仰的中心，自古至今都非常繁荣兴盛。日本的佛教寺庙有七万余座，所有寺庙的建筑加在一起有百万之多。寺庙不仅是日本国民信仰的中心，同时还承担着教化国民的义务。敏达天皇在位期间，物部守屋和苏我马子围绕佛教展开纷争，从表面上看来，这是神道教和佛教之间的争执，但其实是双方对权力的争夺。圣德太子深谋远虑，承认佛教的合法地位，同时也鼓励国民信仰神道教。圣德太子的这一政策深得民心，以致后来甚至出现了神道教和佛教混淆在一起的局面。从圣德太子之后，神道教和佛教相互提携，和平共处，没再发生过冲突。建筑界亦是如此，三个时期的建筑虽然风格不同，但相互之间秉持着一体同心的精神，相互依赖、相互扶持，共同铸就了日本建筑界今天的繁荣局面，在日本建筑史上放射出璀璨的光辉。这实在是令人惊奇的现象。

明治维新以后的建筑大多显得复杂奇怪，几乎没有简单的建筑。明治初年，日本人对新传入的欧美文化极端崇拜，欧美文化以摧枯拉朽之势横扫日本。在日本国内，甚至出现了将原有文化全部舍弃，将日本全盘西化的主张。但庆幸的是，日本最终还有没有脱离正道，一步一步地走到了今天。

今天回头去看明治维新以后欧美文化对日本的影响，会发现留有遗憾的地方尚有很多。当然了，任何事物都难以阻挡时代的车轮滚滚向前，当初日本在吸收中国唐代文化的时候亦是如此。在奈良时代，宫殿的规模制式和国民的衣着完全是模仿中国的风格，后来历经多年的消化，最终被完全日本化。镰仓时代以后，中国宋明文化传入日本，最终也是历经多年才实现日本化。如果不历经百年，很难看到将外来文化日本化的成果。明治维新距今才仅有七八十年，如果现在就要求将所有新吸收的文化全部实现日本化，那确实有些强人所难了。俗话说，"历史是循环往复的"，如果这句话正确的话，那日本新吸收的欧美文化早晚会被日本化。当然了，任何人都不能预知未来。现在去准确地预言未来是个什么样子，也是不可取的。但是我相信，即使第三期新吸收的欧美文化完全被日本化了，第二期和第一期的文化也不应该被舍弃掉。尤其是第一期的文化，这是日本文化的根脉，无论何时都应该被保留和传承下去。

日本在明治维新以后发生的重大变化之一，就是社会生活方式呈现出"复式"样态，表现为双重性或三重性。日本文化历经三个时期，呈现出不同的文化样态，在社会生活方面出现这样的变化也是必然的。例如，在穿着方面，表现为和服和洋装并用的双重性；在饮食方面，表现为日餐、中餐和西餐都可享用的三重性；在语言文字等方面亦是如此。在当今的日本，如果想过"单式"的生活，那根本是不可能的。有人认为"复式"生活方式会影响日本国运的昌隆，呼吁彻底厉行"单式"生活方式，这纯粹是纸上谈兵之举。这一主张全盘否定了日本文化的发展轨迹，否定了普通国民的精神共识，否定了日本自开邦立制以来已经形成的根深蒂固的生活方式。说"单式"生活方式比"复式"生活方式简单便利，这简直就是小儿之言。鼎有三足，所以能立；人有双脚，所以能站——但你偏让人用单腿去站，这又成何体统呢？

我们再来谈建筑。假设要盖一栋住宅，现在肯定没有人愿意去住那种古代的纯日本式的住宅，也没有人会单纯用第一期文化时的建造方法去建造住宅，在建造时必然会揉入一些第二期和第三期文化的因素。举个浅显的例子，屋顶要葺瓦吧，这是从中国传入的，属于第二期文化的范畴；窗户要使用玻璃吧，这是从西洋传来的，处于第三期文化的范畴；家具和摆设等也大都属于第二期或第三期文化的范畴。此外，很多日本人也会觉得在西式洋楼内，如果不铺设榻榻米的话，住起来会非常难受。可以看出，彻底地实现"单式"生活方式有多么困难了。

总之，第三期文化中的精华和糟粕到目前为止还没有最终确认。经过岁月的沉淀和充分的讨论，我相信精华和糟粕会最终清晰起来。届时，我们吸收精华，弃其糟粕，让第三期文化与第一期、第二期文化一道，为日本国运的昌隆做出应有的贡献。

前文已述，三个时期不同风格的建筑共存共荣，这在世界上都绝无仅有。纵览世界各国的文化史，发祥于数千年之前的古文化几乎都消失殆尽，旧的文化不断被新的文化所替代，新的文化又不断被更新的文化所替代。

世界上最古老的国度——埃及的第一期文化是古代宗教文化，即狮身人面像和金字塔的时代。后来，罗马人消灭了古埃及，在第一期文化的残骸上建立起基督教文化，这是埃及的第二期文化。很快，基督教文化又被伊斯兰教文化所取代，这是埃及的第三期文化，并一直持续到今天。

希腊的第一期文化是非常绚烂的,雅典卫城内的帕特农神庙被公认为是当时世界上最美的建筑,但今天剩下的也仅有一堆残骸废墟而已。后来又几经变迁,整个希腊的晚景非常凄惨。

波斯也难以逃脱同样的命运。在居鲁士和大流士统治期间,波斯迎来了自己的全盛时期,这是波斯的第一期文化,但今天也仅能从苏萨和波斯波利斯的废墟中看到当年波斯盛世的影子。第二期文化是以萨珊王朝所代表的新波斯,但后来被伊斯兰教所消灭,只剩下一些断壁残垣散落在当年的波斯大地上。第三期文化就是今天的伊斯兰教波斯,其国势颇为萎靡不振。其他的古老国家,例如中国、印度等也是如此,但日本却是个例外。受其独特国体和历史的恩赐,自古至今日本文化都是一脉相承,没有发生断档或更替。

对一个国家来说,文化的消亡主要有三大原因:一是被敌国所消灭;二是国内的革命蹂躏之前的文化;三是国力衰竭,自然消亡。日本从未遭受外敌的入侵,虽然蒙古曾大举进攻日本,但终究没有成功。在日本国内,狂僧道镜一度想篡夺皇位,但被和气清麻吕所制止。平将门曾自称"新皇",但很快就被朝廷讨伐,中箭身亡。在日本历史上,虽然偶有威胁天皇之位的事件发生,但最后都以失败而告终。日本的国体和国之基础没有发生丝毫的动摇。日本的国运隆盛,虽历经数千年,但仍然像青壮年一样充满激情。也正因如此,三个时期的不同风格的建筑才能够共存共荣。

如果仔细分析三个时期的不同风格的建筑，会发现第一期的建筑发祥于上古时代日本开邦立制之初，就好像河流的下层水流，从上古时代一直滚滚流到今天，水质清澈透明；第二期的建筑就像河流的中层水流，从佛教传入的时候开始出现，一直流到今天，由于掺杂了中国文化的红色，所以水质呈现为美丽的淡红色；第三期的建筑就像河流的上层水流，始于明治维新，混杂了众多的欧美文化，呈现出汹涌澎湃之势。当今日本人看到的正是上层的水流，如果天下太平的话，没有人会留意中层和下层的水流。但一旦发生地震，中层和下层的水流就会迸发到表面上来。事态越严重，地下的震动就越激烈，最终下层的清澈水流会像冲破坚壳一样从上层水面喷射而出。日本当前的状态正是如此。在建筑方面，此时恰是用第一期的清泉对建筑思潮进行清洗的好时机。

7.4 明治以后的现象

在明治维新前后，欧洲文化犹如怒涛一样袭向日本，随着国内形势的剧变，日本的建筑也随之发生巨大的变化。日本陷入对欧美文化的极端崇拜之中，甚至出现了将日本传统建筑以及日本文化全盘否定的主张。日本建筑史的第三期（明治以后）大致可以分为五个分期。

第一分期始于明治初年，终于明治二十八年（1895）甲午中日战争结束之时，被称为"外国建筑移植时代"。在这一分期，很多外国的建筑师来到日本，他们按照自己的理念和主张在日本大地上兴建了各式各样的建筑，但纯正的日本建筑几乎被彻底遗忘。时至今日，这些外国人所建造的建筑已消失殆尽，仅剩下形单影只的几座建筑像遗物一样矗立在那里。这几座剩下来的建筑是我们研究当时建筑的宝贵资料，值得我们永久保留。

第二分期始于明治二十八年（1895），终于明治四十年（1907），被称为"模仿时代"。在这一分期，日本的建筑师热衷于模仿欧美建筑，以自己所设计的建筑酷似欧美建筑为傲。建筑师们的成绩斐然，到明治三十年（1897）时，新建造的建筑几乎和欧美建筑一模一样了。

第三分期始于明治四十年（1907），终于大正十年（1921），被称为"觉醒时代"。在这一分期，日本取得了日俄战争的胜利，整个民族都气宇轩昂。日本建筑师们也觉得不应该再对欧美建筑亦步亦趋，日本建筑应该打破模仿的窠臼，创造出日本建筑的新形式。出现这一现象当然是可喜可贺的，但是所谓的创造出日本建筑的新形式，并不是在全面超越欧美建筑的基础上创造出的新形式，而是以欧美建筑为蓝本，对其细枝末节进行调整而形成的新形式，其效果可想而知。

第四分期始于大正十年（1921），终于昭和七年、昭和八年（1932—1933），被称为"思索时代"。大正七年（1918），第一次世界大战结束。在这一分期，世界思想界发生大变革，建筑界也深受波及，呈现出一片混沌不清的状态。欧美建筑界变得浮躁不安，今天一个主义，明天一个学说，缺乏主流思潮。这一状态也很快影响到日本，日本建筑师在迎来这个主义，送走那个学说的过程中，迷失了自己该走的道路，剩下的仅是"思索"。

第五分期始于昭和七年、昭和八年（1932—1933），一直持续到今天。现在给定一个名字还为时尚早，暂且称其为"考究时代"吧！在第三和第四分期，受新的建筑思潮影响的主要是公共建筑，例如政府官署、学校、医院和企业等，日本传统木结构住宅几乎没受到任何影响。虽然说任何事物都难以超越时代的影响，但日本传统木结构住宅确实没有被那些坏的潮流所影响，坚守着日本的传统，一直走到了今天。

纯正的日本建筑现在留存在世的还不在少数。包括古代住宅、神社、皇居、佛寺、邸馆、亭榭、茶室、城郭、陵墓，等等，都有很重要的意义和价值。

8

纯正日本建筑的实例

自古至今的日本建筑中，最纯正的、最优秀的、也即最能代表日本建筑特色的，或者与之相近的建筑物，现在留存在世的还不在少数。在本章中，我将按照建筑的种类，对其性质和意义进行概要性的阐述。

8.1 古代住宅

　　日本开邦立制之初的建筑是什么样子，现在还不清楚，但通过考古学家的研究，日本原始先民最早居住的应该是洞穴。至于后来有了文明之后的住所是什么样子，现在还没有确凿的遗址和文献资料可以证明，但我们不难想象得出，当时的房屋应该与"天地根元造"[37]式茅草屋类似。

　　人类建造房屋的目的是生存和生活，最初的房屋肯定大不到哪里去，限于当时的生产力条件，在建造房屋时首先会选择身边的材料，大小足以容身就可以了。对日本人来说，身边触手可得的材料自然就是木材，所以日本最早的房屋都是木结构的。从"天地根元造"式茅草屋可以窥见木结构建筑最初的影子。在建造"天地根元造"式茅草屋时，首先需要将两根圆木斜插入地

---

37. 译者注：日本最原始最简陋的茅草屋，原木人字架，两脚落地，呈三角形，披以茅草，坡度大于60°，史称天地根元造。

下，圆木上端交叉，用藤蔓、葛绳或栲绳等将交叉处固定住，组成一个三角形的框架。然后，在适当距离处平行搭建一个相同的三角形框架，框架顶端交叉处搭上圆木，前后两个三角框架的斜边之间架上数根细木条，最后在细木条上铺设茅草，一座"天地根元造"式的茅草屋就大功告成了。由于三角框架是由两根圆木交叉在一起构成的，所以圆木的一端必然会高出屋顶，并呈交叉状伸展到空中，这在后来逐渐演变成神社的"千木"。"天地根元造"式茅草屋呈三棱椎形，裸土地面，门口垂有草帘。当时人们的生活方式都非常简单，日出而作，日落而息，只有晚上才会回到茅草屋就寝。发展到后来，人们在圆木交叉点的下方立起柱子，在左右两侧圆木的下方也立起柱子，柱子、梁与横撑连接到一起，形成连贯牢固的框架结构，整个房屋的屋顶部分得到提升，有足够的空间来架设高出地面的地板。这样一来，房屋的防潮问题也就得以解决。这一样式的建筑发展到最后，就是我们现在看到的早期宫殿和神社了。

"校仓造"式房屋是原始住所的另外一种建筑样式。墙壁是用圆木一根根往上摞的方式建成，为了防止圆木滑落，会在底下一根圆木的左右两侧打入木桩，起到阻挡的作用。在建造"校仓造"式房屋时，首先要搭建一个四边形的墙体，然后在上面架设屋顶。后来技术进步之后，会把圆木的上下两侧削平，这样一来，即使不使用木桩，也不会滑落。"校仓造"是一种非常简单的建筑样式，它和"天地根元造"究竟谁先谁后，现在还不清楚，不过直到现在，部分神社和寺庙依然在使用"校仓造"式的仓库。在当今时代，施工时会将圆木进行适当的加工，便于其往上摞，而且相邻两面墙的圆木相互咬合，增强了建筑物的牢固性。"校"这个汉字的本意是指圆木的交叉，"校仓"之名也因圆木的相互咬合而来。世界各地，但凡树木葱郁之处，必然会有"校仓造"式的建筑。除了日本，在中国的西南部、印度的喜马拉雅山脉之间、俄国（今俄罗斯）、斯堪的纳维亚、瑞士和北美的落基山脉等地区都发现了"校仓造"式建筑。"校仓造"式建筑在英语中的名称是"log house"，即圆木小屋之意。

从日本民族的生活样态来看，"天地根元造"式房屋更适合用作住宅，而"校仓造"式房屋则更适合用于仓库。"天地根元造"式房屋采用的是柱本位的结构，在垂直面上呈现出高耸挺拔之态，而"校仓造"式房屋采用的是横材本位的结构，在水平面呈现出低矮匍匐之状，两种房屋的品位有着霄壤之别。

在木材的膨胀伸缩性方面，纵向的膨胀伸缩性比较小，而横向的膨胀伸缩性比较大。"校仓造"式房屋的墙壁是圆木横着向上摞，所以空气的干湿度对墙壁的膨胀收缩影响非常大。收缩时，圆木间的间隙打开；膨胀时，圆木间的间隙闭合，一开一闭起到了自由呼吸空气的作用。在干季，圆木之间会形成间隙，将屋外的干燥空气引导到室内；在湿季时，圆木之间的空隙会闭合，将湿气阻挡在室外。所以说，"校仓造"式的房屋最适合做仓库。

一直保存到今天的奈良的东大寺的正仓院采用的就是"校仓造"式结构，里面收藏着圣武天皇和孝谦天皇两位天皇的用品。此外，在其他的一些神社和寺庙中，"校仓造"式的仓库也有很多。在冲绳和台湾等地也发现了"校仓造"式仓库，甚至远到南海诸岛都可以看到这一式样的建筑物。

奈良正仓院敕封殿

与"校仓造"式不同，"天地根元造"式是具有防风防雨功能的最简单结构，非常适合在住所中使用。举个简单的例子，农村中用于储存谷物的库房、猪舍，以及肥料桶上面的遮盖物都会使用"天地根元造"式结构。据我所知，现存此种结构的建筑物中，比较气派的只有一个，即伊势二见浦的御烧盐所。御烧盐所是御盐殿神社的附属物，虽然外形上看起来像"天地根元造"式建筑物，但其内部的材料和结构都已经不是古代的手法了。

　　"天地根元造"式房屋在古代的农村中使用得比较多，到目前为止，古代的这一式样的房屋基本都消失了。但在飞驒的白川村依然有一批民宅的外形和"天地根元造"式房屋的外形非常相似。这些民宅呈等边三角形，屋顶很高，倾斜角度大，没有"千木"，有些屋顶的出椽几乎能触到地面，看起来非常美丽，而且很富有古韵。

　　在日本农村地区，在丘陵田野之间，在树木的掩映下，散落着一些草葺屋顶的民宅。这些木结构草葺屋顶的民宅最能代表纯正的日本建筑，它们既不自卑，也不炫耀，像天真烂漫的孩童一样和周围精致小巧的环境融为一体。民宅内的住户既不寻求富贵，也不留恋荣誉，它们顺应自然之命，默默地专注于农事，真正实现了人与住宅的和谐统一。与那些堆砌华丽辞藻，炫耀奇巧的长诗相比，毫不造作、毫无虚饰的十七字俳句显得更为精巧、更加意味深长。同样的道理，日本茅草屋虽然简陋，却是别有一番韵味。

8.2 神社

当你在周游日本各地时，会发现无论在原野，还是山区，无论是田园，还是村落，其中星星点点散落着一撮撮大小不一的树林。树林中间基本都会有大小不一、形状各异的古色古香的特殊建筑，它们就是神社。鸟居、木栅栏和其他的一些设施也都伴随着神社而存在。

日本各地的地貌每时每刻都在发生着变化，山崩了，谷填了，田园变成城市了，河海变成平原了，但不管怎么变化，神社和它周边的树林都还保留在原地，维持着原样，随着时间的流逝，不断地增加着自己的威严。人们怀着崇敬的心情穿过鸟居，来到大殿前参拜，日本桧做成的立柱散发着树木的清香，高耸入云的"千木"和"鲣鱼木"仿佛能够触碰到远古的神灵，让人不知不觉间产生跪下去的冲动。神社是供奉皇祖皇宗、天神地祇的灵殿，是日本国体的渊源。在建造神社时，必须全部使用洁净的植物性材料，即便是一根木头也有其特殊的使命，容不得半点弄虚作假。神社的风姿要简约庄重，绝对不可以有些许的繁缛和猥琐。神社建筑是一种洗练的远古建筑，是日本所有建筑的根源。

在世界上任何一个国家，远古时期的宗教信仰大都可以分为自然崇拜和祖先崇拜两类，欧洲人把这称为原始宗教。在日本，对天地神明的崇拜形成了矶城神篱之制。矶城指的是用石块围城的神圣的祭坛；神篱指的是祭坛中种植的供神灵寄居的树木。远古时代的日本人在祭祀自然神明时，是在矶城上以神篱为对象去进行祭拜，不需要神社这样的建筑物。祖先崇拜发端于人伦之道，祭祀祖先的亡灵其实是为了纪念祖先的恩情和遗德。俗话说"祭神如神在"，所以在祭拜祖先时，必须要有一个固定的建筑物，而且这个建筑物要与祖先活着的时候居住的房屋基本类似。在祭拜祖先时，要把祖先想象成依然活在这个世上。如果再虔诚一点，还要朝夕问候祖先，诵读祈祷文，摆上供品，而建造的供祖先灵魂居住的建筑物就是神社。

神社是始于远古的建筑，"天地根元造"式茅草屋发展到最后就变成了神社。在日语中，神社又被称作"御宫"，天皇的住所也被称作"御宫"。"御宫"的本意是指神明的居所，天皇是现代人世间的神[38]，所以他的居所和神明的居所——神社一并被称作"御宫"。

神社是供奉皇祖皇宗、天神地祇的场所，所以其建筑样式必须遵循古制，不可妄加取舍增减，也不可按照自己的意愿妄加改造。神社与普通住宅不同，无论其多么壮丽华美，如果有一点缺陷的话，那也不适合用做神灵的居所。我们必须要牢记，神

---

38. 译者注：1946年1月1日，日本昭和天皇发表《人间宣言》，否定了天皇作为"现代人世间的神"的地位，宣告天皇也是仅具有人性的普通人。本书出版于1944年，在当时作者的心目中，天皇就是现代人世间的神，不是人。

社是专门为神明建造的居所，而不是为参拜者或者建筑师建造的建筑物。

日本最早的神社是出云大社。根据神话传说，素盏鸣尊在平定出云地区之后，就把它占为自己的领地。后来，素盏鸣尊的后裔大国主命继承了祖先的领地，并且又占领了山阴北陆地区，领地面积大为扩张。再到后来，天照大神的孙子琼琼杵尊下达敕命，命令大国主命让出领地。于是，大国主命将所有的领地让给琼琼杵尊，然后退隐到杵筑。琼琼杵尊为了感谢大国主命，在杵筑为他建造了一座宫殿，命名为"天日隅宫"。天日隅宫后来演变成神社，这就是今天的出云大社。

现在的出云大社基本保持着远古时代的样子，只是在其整体外形方面有些许变化。出云大社面阔两间，呈正方形，房屋中间有一根粗立柱，入口在右侧，入口前面有阶梯，主殿周围围有很高的栏杆。出云大社的结构属于发展到高级阶段的"天地根元造"式，屋顶本应呈直线，但是现在的屋顶略呈曲线，所以千木就变成了山墙顶封檐板。为了体现千木的特点，特意在屋脊上方布置了两个"置千木"。出云大社最重要的遗迹就是它的整体结构，在这一方面有很多有趣而又重要的问题，在此我就暂不赘述了。

出云大社的建筑样式属于"大社造"式，而伊势神宫的建筑样式属于"唯一神明造"式。伊势神宫是日本的圣地，在书中谈论伊势神宫着实让我有些诚惶诚恐。在征得宫内省的同意后，我今天得以在书中介绍一些伊势神宫的事情。伊势神宫在古时候曾被称作太庙，这其实是沿用中国的称呼，并不符合日本的实际。再说点闲话，在中国自周代一直到清代，历朝历代都会修建太庙，这其实是各国君主供奉自己祖先的地方。在中国五千年的历史上，割据一方的小国不可计数。中国的政权建立者虽然以汉族为主，但除此之外，还有大量被鄙视为东夷西戎北狄南蛮的少数民族建立的政权，他们有自己的国号和年号，也都自称为帝王或皇帝。长一点的国家可以持续数百年，短一点的国家可能早晨刚刚建立，晚上就灭亡了。中国的国民从古至今，历经了太多的变故，对变化莫测的国内局势，所有人都漠不关心。君主建造的太庙，那是君主私人祭祀祖先的地方，和国民没有任何的关系。国民不被允许踏入太庙，再说中国国民也没兴趣进入太庙。然而日本的伊势神宫就不一样了，它是整个国家的太庙，是全体国民的太庙，国民被允许进入神宫内参拜，很多国民在参拜时会感动得掉下泪来。

中国也有祭祀帝王的庙宇，例如尧帝庙、禹王庙和昭烈庙等。如果按照日本的传统，这些庙宇都应该被划入官币社[39]，但是

39. 译者注：官币社在明治维新以前是指由神祇官负责供奉币帛的神社，明治维新以后是指由宫内省负责供奉币帛的神社。主要是指皇室尊崇的神社或者祭祀天皇、皇亲或功臣的神社。

在中国仅是地方百姓捐钱兴建的而已。此外，在中国还有很多纪念名臣功臣等的庙宇，按照日本的惯例，这些庙宇应该划入别格官币社[40]，但在中国仅存在于地方，和中央政府并没有多大关系。例如在广东崖山有供奉宋朝忠臣文天祥、张世杰和陆周夫的庙宇，但在宋朝灭亡以后，元朝统治者认定这三人为逆贼，禁止百姓去祭拜。到了明朝后，这三人又变成了忠臣，百姓又可以去祭拜了。到了清朝后，由于清朝的统治者和这三人没有任何的恩怨情仇，所以对供奉他们的神庙采取的是既不干涉，又不鼓励的态度。

　　内务省的神祇院是管理神社的专门机构，虽然伊势神宫也归内务省管辖，但却没有被划为神社。神祇院将伊势神宫单独列出来，在提到伊势神宫和其他神社时，使用的是"神宫及官国币社"这一称呼。可以看出，伊势神宫的地位明显高于其他神社。关于伊势神宫的由来，我想就没有必要在此赘言了。天照大神的孙子琼琼杵尊从高天原降落到丰苇原瑞穗国的时候，天照大神给了他三件神器——八尺琼勾玉、天丛云剑和八尺镜，并嘱咐他说："你见镜就如同见我，一定要虔诚地供奉。"从琼琼杵尊一直到崇仁天皇，历代神明和天皇都将八尺镜供奉在自己的宫中。到垂仁天皇时，由于天皇畏惧神威，于是命皇女倭姬命

---

40. 译者注：别格官币社是指官方供奉功臣的神社。

去另择新址供奉八尺镜。倭姬命遍寻诸国之后，决定在伊势国度会郡五十铃川的上游营造皇大神宫，并将八尺镜迁移至此。倭姬命作为斋宫[41]，终其一生都在皇大神宫内侍奉着天照大神。后来到雄略天皇二十二年（478），天皇将丰受大神从丹波迁移到皇大神宫。此后，皇大神宫被称为内宫，而丰受大神宫被称为外宫。

皇大神宫的正殿样式与出云大社不同。出云大社的正殿呈正方形，而皇大神宫的正殿呈长方形，正面是三间，侧面是两间。天武天皇确定了"式年迁宫"之制，每隔二十年都要将伊势神宫焚毁，重建一次。从持统天皇时的第一次迁宫到现在[42]，已经进行了五十九次。按照规定，无论任何一次迁宫，都不能改变原有建筑的样式。所以从持统天皇一直到今天，伊势神宫依然保持着最初的样子，并且今后还将一如既往地保持下去。伊势神宫是日本国体之根本，是最为神圣的圣域。如果让我从学术的角度去评判其建筑价值的话，我真的是有些不胜惶恐，不过如果允许的话，我还是想用一句话去形容它，那就是——从建筑学的角度来看，伊势神宫绝对是最合理、最完美的建筑。

41. 译者注：日语中的斋宫和中文中的斋宫的意思完全不同。在日本，斋宫指伊势神宫出任巫女的未婚皇族女子，她们代表日本皇室侍奉天照大神。
42. 译者注：书中的现在指作者写作此书时的1944年。

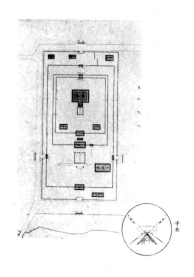

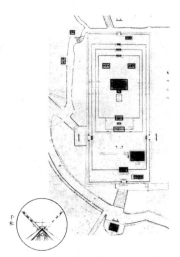

伊势神宫的外宫、内宫平面图

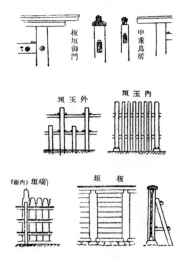

伊势神宫门墙

德国的建筑学家布尔纳·塔乌德在来日本考察日本建筑时，我曾陪他去参拜皇大神宫。目睹皇大神宫的威容，他感叹道："这不仅是日本建筑的精髓，同时也是世界建筑的精髓。"我问他如此感叹的理由，他回答说："首先，建筑材料很美，而且运用得也很巧妙；其次，建筑构造非常合理，没有任何多余之处，整体结构极其简洁，体现出一种崇高之美；最后，茅草葺的屋顶和屋檐的处理也非常特别。总之，伊势神宫体现了日本建筑的精髓，非常让人敬佩。"一般来说，欧美人对日本建筑的评价正确的不多，要么是一味地谄媚夸赞，要么是不得要领，要么就是抓不住重点的愚见，但是布尔纳·塔乌德的评价却是抓在了重点上，所以说布尔纳·塔乌德是近代非常具有眼光的建筑学家。

每当谈起伊势神宫，我都不胜惶恐，对于伊势神宫的解说和评价就不再说了，在最后谈一下它的建筑样式。伊势神宫的建筑样式属于"唯一神明造"式，这一建筑样式非常特殊，只有伊势两宫能够使用这一样式，其他任何神社不得模仿。"神明造"式和"唯一神明造"式多少有一些不同。"神明造"式的神社可以进行任意设计，造出的神社也不尽相同，但"唯一神明造"式则容不得半点修改。位于九段坂上的靖国神社的主殿是东京最大的"神明造"式建筑。

关于其他神社建筑的种类和样式手法等，即使谈一天也谈不完，所以在此就暂不赘言了。

8.3 皇居

在书中谈论皇居之事，真的是诚惶诚恐。上古时代皇居的建筑样式应该和当时的神社相同。根据《日本书纪》中"雄略天皇"部分的记载，可以确定当时的皇居是由日本桧原木建造，而且屋脊上也都有"千木"和"鲣鱼木"。雄略天皇做皇太子时，住在大和。有一次，他从大和前往河内国，途中经过矶城时，发现该地的县主的屋脊上也装饰有"鲣鱼木"。根据当时的礼制规定，只有皇居才能使用"鲣鱼木"，而县主仅是一个普通的地方官吏，他的屋脊上竟然也敢使用"鲣鱼木"，这显然是僭越之举，所以雄略皇太子就惩罚了他。根据这段记载，可以推测得出当时的皇居和神社的建筑样式应该是一样的。

后来在佛教文化传入以后，皇居逐渐吸收中国的建筑艺术。足立康博士曾对持统和文武两位天皇居住的藤原宫遗址进行过详细的研究，基本弄清了藤原宫当时的情形。从研究的结果来看，藤原宫确实是吸收了很多中国的建筑文化。后来随着时代的发展，对中国文化的吸收越来越多，尤其是在奈良时代最为突出。圣武天皇曾要求住在奈良的五品以上官员和普通市民中的富庶之家必须将自己家的柱子涂成红色，而且屋顶要茸瓦。据此可以推测得出，当时天皇居住的宫殿也应该都是青琐丹楹[43]的中国式建筑。再到后来，桓武天皇定都平安京，大内里以及内里[44]有很多宫殿，美丽程度众所周知。整个大内里的规划是完全模仿中国的长安城的皇城。大内里的正中是处理政务的八省院，八省院的主殿是太极殿，丹楹碧甍，朱栏青琐，金珰玉础，透出雄壮威严的气势。到平安时代末期，藤原氏摄政的时候，大内里开始凋落，天皇居住的内里也屡遭损毁，不得不到外面临时设立皇居，或者借住在摄政或关白等外戚的家中，这被称作"里内里"。到镰仓时代，皇室更加不振，皇居的规模进一步萎缩。到室町时代后半期，皇室的不振达到极点，呈现出式微之势。其可怜程度，今天任谁谈起这段历史，都会忍不住落泪。但是，穷则通，到桃山时代，织田信长对荒废不堪的皇居进行修缮，丰臣秀吉更是改建了新的皇居，德川家康三次扩建皇居，最终使皇居恢复了九重殿门的威容。到江户时代，皇居屡遭祝融之灾，松平定信模仿平安宫在京都新建了一座皇居，这被称作"宽政营造"。后来，这座皇居又被大火烧毁了，安政年间又模仿"宽政营造"的样式予以重建，这被称作"安政营造"，也就是我们今天看到的京都御苑。

43. 译者注：青琐，典故名，出自《汉书》。原指装饰皇宫门窗的青色连环花纹，后借指宫廷，泛指豪华富丽的房屋建筑。丹楹是指用朱漆涂的楹柱。
44. 译者注：大内里，为日本平安京内的宫城，因平安京为二重城制度，所以也相当中文语意境的皇城，而内里则相当于中国的宫城。

古代皇居的部分建筑，我们今天还可以看到。据说丰臣秀吉执政的时候，曾将皇居的紫宸殿搬迁至京都的仁和寺，修缮之后就变成了今天的金堂；德川家康执政的时候，曾将皇居的正门搬迁到京都的大德寺，这就是今天的唐门。

仁和寺五重塔

皇居建筑的兴衰与日本的兴衰史完全吻合，这令人感慨良深。从上古时代一直到今天，各式各样的建筑，无论是顺历史而行，还是逆历史而动，都是在朝着自己希望的方向发展，唯独皇居不是如此。为什么皇居逃不开历史的左右呢？这值得我们每一个人去认真思考。

8.4 佛寺

在佛教传入之前，日本的古代建筑一直都是纯正的日本建筑。钦明天皇十三年（552），佛教从百济传入日本，受中国建筑的影响，日本建筑开始发生变化。但是，这种变化并没有引起日本建筑的混乱，反而使日本建筑放出更加夺目的光彩。

日本建筑和中国建筑的性质不同。日本建筑是纯植物性的，而中国建筑从一开始就是木砖土石混用。材料的不同决定了建筑样式的不同。日本建筑并没有机械地去模仿中国建筑，只是从物质层面去吸收一些中国建筑的精华，在精神层面还是把日本精神当作建筑的基础。因此，在中国建筑传入之后，日本建筑在原有的美学基础上又增加了华丽感，出现了一批极富活力和力量感的建筑。

佛寺建筑的滥觞始于佛教传入后不久建造的向原寺，但向原寺的寺庙结构还不是那么完善。据推测，真正堂宇齐备的七堂伽蓝应该是形成于用明天皇二年（587）在摄津建立的四天王寺、崇峻天皇元年（588年；也有人说是推古天皇元年，即593年）在大和建立的法兴寺，以及推古天皇十五年（607）在大和建立的法隆寺。据说这些寺庙都是由百济的造寺工和砖瓦工来设计和施工，因此被称作"百济式七堂伽蓝"。不过现在可以确认的是，法隆寺的设计和建筑样式都是圣德太子的独创。

关于法隆寺的由来，众说纷纭，莫衷一是。现存的堂塔建筑始建于一千三百多年前，是日本第一古建筑，庄重雄伟，是冠绝古今的著名建筑。法隆寺虽然和中国的佛寺建筑在外观上有些相似，但其实质却大为不同。法隆寺既没有抄袭百济建筑，也没有单纯模仿中国建筑，是日本人在日本精神的基础上营造的日本建筑。

法隆寺的一些建筑细节深受外来文化的影响。例如，屋顶的翘檐、栏杆的手法和斗拱的拼接等是受中国的影响；多立克样式的柱子和忍冬唐草纹样则是受希腊的影响；佛像的华盖则是受中亚的影响；除此之外，还可以看到西亚、波斯和印度等的影响。日本匠人将所有的文化元素巧妙地运用于法隆寺这一座建筑之上，其建筑手法之绝妙，令人赞叹不已。

关于法隆寺，值得说的地方实在是太多了，首先该提的是其木结构。像法隆寺这样能够历经一千三百多年风雨依然屹立不倒的木结构建筑，在世界上绝无仅有，这不仅是因为建造法隆寺的木材优良，另外还因为圣德太子的德高望重。从古至今，奈良地区的很多古刹已经损毁，原因有二：一是后人怠于维护；二是罹受战火，或被焚毁、或被损坏。法隆寺是圣德太子的象征，深受万民的景仰，所以没有任何一个人敢将其付之一炬。其次该提的是其金堂的壁画。壁画的由来和年代现在还不详，但其艺术价值绝对可以冠绝全世界。印度阿旃陀的壁画在世界上也非常出名，但和法隆寺的壁画比起来，还是相形见绌。最后该提的是法隆寺收藏的很多佛像和法器。其制作技艺鬼斧神工，不仅是日本的国宝，同时也是享誉世界的至宝。

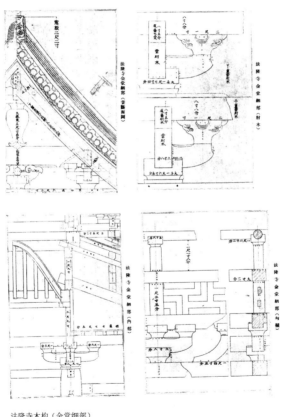

法隆寺木构（金堂细部）

新式建筑引入日本之后，给日本建筑注入了新鲜血液，原有的落寞之气一扫而空，日本古建筑界呈现出一派欣欣向荣的局面，与建筑相关的各类文化艺术也得到蓬勃发展。

接下来，我将按照我个人的理解，简单介绍一下圣德太子为什么要引进佛教，为什么要下如此大的力气去建造佛教建筑。

一言以蔽之，圣德太子之所以竭尽热诚去做这一切，其实就是为了促进日本文化的进步。日本开邦以来，全体国民就犹如在父母膝下嬉戏的幼儿一般，保持着纯真无邪的心态，安居乐业地生活。当时的国民对海外的事情了解不多，因此文化也就显得极为单纯。虽然偶尔会从三韩传来一些新的文化，但那都是杯水车薪，起不到多大作用。聪明睿智的圣德太子通过三韩感受到中国文化的隆盛，他决定把日本变成一个大学校，将仍然处于"幼儿时代的国民"送进"国民学校"去学习。圣德太子从百济引入佛教，以启发日本国民的智慧。然后与中国隋朝建交，以引进更为先进的学问与技艺。在先进文化的感召下，本来就聪明伶俐的"儿童"一跃成为俊敏的"青年"。圣德太子协助苏我马子消灭了物部守屋，这并不是单纯地介入两人的恩怨，而是通过消灭物部守屋来扫除引进佛教的障碍，最终达到利用佛教来促进日本进步的目的。在圣德太子执政的时期，日本兴建了一批像法隆寺这样的寺庙。圣德太子修建寺庙并不是单纯为了大兴土木，而是希望通过建造寺庙来引进各方面的知识和艺术，实现其提升日本文化的目的。圣德太子在吸收外国文化的时候，并不是简单地去模仿。他曾致国书给中国的隋炀帝，其中用语"日出处天子致书日没处天子"，当时的隋炀帝君临中国全土，极其傲慢，而且中国的文化远远先进于日本的文化。圣德太子在国书中把日本天皇和中国皇帝放在对等的地位上，这在当时看来实在是惊人之举，但这也充分反映了圣德太子不卑不亢的个性和不甘于单纯效仿中国的心理。

圣德太子才华出众，可以说是一个全才，他精通政治、法制、经济、宗教、文学和艺术等，尤其是在建筑方面，有着超乎常人的卓识。他被奉为佛教传来之后的建筑祖师，直到今天还在享受着木匠师傅的供奉。可以毫不夸张地说，日本佛教建筑的基础就是圣德太子打下的。日本上古时代的神社和宫殿建筑的祖师是手置帆负命和彦狭知命，而中古时代佛教建筑的祖师则是圣德太子。

在法隆寺之后，多所大型寺庙得以兴建。其中仅次于法隆寺的就是天平二年（730）在南都建立的药师寺。该寺现在仅存一座三重塔，该塔每层都是双檐，所以乍看上去会觉得是六重塔。药师寺三重塔的风格豪迈秀逸，是冠绝古今的知名古建筑，至于其具体细节在此我就不再赘述了。

然后就是圣武和孝谦两位天皇主持建造的东大寺。东大寺被称为四圣建立之寺，即圣武天皇的心愿，行基菩萨[45]的劝

---

45. 译者注：行基是奈良时代的僧人，向道昭、义渊学法，后巡游诸国，架桥、筑堤、教化民众，被称为行基菩萨。

化，良辨[46]为之奠基，菩提迁那为其导师。东大寺是当时日本、中国和印度最大的寺庙，但遗憾的是在治承四年（1180）被平重衡一把大火给焚毁了。后来源赖朝重建东大寺，但在室町末年的永禄十年（1567）又被松永弹正秀久给焚毁了。我们现在看到的东大寺其实是江户时代元禄和宝永年间第三次重建的，昔日的面貌都消失殆尽了。

圣武天皇时期的东大寺是当时世界上最大的木结构建筑，今天我们看到的东大寺的大佛殿仅有当时的六成大小。当时的东塔和西塔都是七重塔，高达107米。整个东大寺的占地是边长为872.7米的正方形，面积为76万平方米。当时的大佛殿内部中央是卢舍那佛，左右两侧是胁侍，四角是四大天王。所有的塑像都有着超出常规的巨大身躯，表面贴金，饰以五彩，壮观华美，是当时日本空前的巨大工程。所以说天平时代是日本佛教建筑的最鼎盛期。

到平安时代后，佛教的奈良六宗逐渐衰败，天台真言宗开始兴起。日本的佛教建筑也逐渐摆脱中国的影响，最终完成了日本化。现存的这一时期的典型建筑是宇治的凤凰堂。凤凰堂由藤原赖通所建，规模较小，但显得很从容，毫无萎靡之态，精美华丽

46. 译者注：良辨初从义渊学习法相宗，后从慈训受华严宗教义，慈训曾跟审祥学习华严宗。良辨在东大寺建造中出力很大，天平胜宝三年因功被任为"少僧都"，天平胜宝八年升大僧都、僧正。

而又富有雅趣。平假名文化是平安时代的典型文化，所以我喜欢把凤凰堂称为平假名建筑。当然了，这也是典型的日式建筑。

进入镰仓时代以后，禅宗的临济和曹洞两宗开始兴盛。这一时期的佛教建筑再次受到中国的影响，所以我们称这一时期的佛教建筑为唐式建筑。镰仓的五山是这一时期佛教建筑的典型代表，但保留到今天的就仅剩下北条贞时所建的圆觉寺的舍利殿了。从室町时代末期开始一直持续到整个镰仓时代，日本佛教出现了融通念佛宗、净土宗、日莲宗、净土真宗和时宗等诸宗派，这些宗派的佛教建筑大都属于日式建筑。此外，在当时的佛教建筑中还存在着天竺式样的建筑，在源赖朝重建东大寺时得以使用。

进入室町时代以后，京都的禅宗五山兴起。保留至今的典型建筑就是东福寺。后来，佛教建筑逐渐式微。进入桃山时代以后，织田信长大力镇压佛教，佛寺的势力一蹶不振。织田信长火烧延历寺，荡平石山本愿寺。丰臣秀吉和德川家康对佛教的态度也大不如前。从此之后，知名的佛教建筑就逐渐减少，这一状态一直持续到今天。时至今日，如果不积极谋求佛教兴隆的话，佛教建筑的振兴就很难了。

总而言之，对日本来说，佛教是从外国传来的宗教，而且是在日本开邦数千年之后才传入，虽然完全被日本化了，但其势力和本土产生的神道教还是无法比拟。再来看中国，中国在五千年前开邦之初，道教思想就已经产生，一直绵延至今，极为昌盛，而佛教仅是一千八百多年前的东汉时代才传入，虽然有些时候佛教势力非常强大，但时至今日已经彻底沉沦不振了。再来看印度，印度在五千年前开邦之初，婆罗门教就开始萌芽，后来逐渐演变成印度教。时至今日，印度教依然非常昌盛，而佛教仅是诞生于两千五百年前的一种宗教，虽然有一段时期非常昌盛，但在七百五十年前在印度土地上就基本消失了。虽然日本和中国、印度不具有可比性，但对日本佛教来说，佛教在中国和印度的发展轨迹足以成为自己的前车之鉴。

8.5 邸馆、亭榭与茶室

邸馆主要指的是王侯贵族的住宅。亭榭大都是依附于邸馆而建的小型点景建筑。茶室则是遵照茶道礼仪而建的非常小巧的建筑。邸馆、亭榭和茶室都属于住宅建筑的范畴。

邸馆的格局一般都比较规整。亭榭要求与周围的景致相协调，要体现出雅致的风貌。茶室则要求体现出闲寂枯淡的意趣。如果用书法来形容的话，邸馆就相当于楷书，横平竖直，一点一画都容不得半点疏忽；亭榭则相当于洒脱的行书，笔画或为曲线或为直线，可以随意处理；茶室则相当于草书，笔画都是婉转流畅的曲线，蕴含的妙趣深不可言。

邸馆作为高级官员的住宅，在奈良时代就已经定型，和佛教建筑一样，受到中国唐代文化的极大影响。发展到平安时代后，逐渐形成了"寝殿造"式的结构布局。

"寝殿造"指的是以朝南的寝殿为中心，在左、右和北三个方向建造配殿，所有房屋之间用回廊连接。和中国的高级官员的府邸一样，"寝殿造"采用的也是左右对称的结构。根据占地面积的大小，房屋的数量会有所变化，但一般来说在寝殿的前方都会有一个院子，在院子的前方会设计一些人造的园林景观。后来随着时代的发展，"寝殿造"式的布局结构逐渐瓦解，到平安时代就基本完全被日本化了。"寝殿造"没有保存至今的建筑物，不过从一些画卷和文献资料中，我们可以清晰地看到"寝殿造"式建筑物的影子。后来到室町时代后，左右对称式的建筑布局就彻底消失了。

"寝殿造"主要用于公卿的住宅。到镰仓时代以后，武士的住宅则主要采用"主殿造"。源赖朝在镰仓的官邸采用的就是"主殿造"。有人说"主殿造"是"寝殿造"的变种，还有人说"主殿造"是在普通民宅的基础上吸收"寝殿造"的部分特点而形成的。对于这两种说法，至今仍在研究之中。但不可否认的是，当时的普通民宅应该算作是"田舍造"和"寝殿造"的结合体。从南北朝时代开始，一直到室町时代前期，历代足利将军的官邸，以及其他一些高级官员的府邸大都是"寝殿造"与"主殿造"的结合体。足利义满的"花之御所"也是如此。

到室町时代中期，足利义政执政的时候，开始使用"书院造"式的结构。关于"书院造"的产生和发展还存在很多的疑问，不过大部分人都认同"书院造"是在"主殿造"的基础上演变过来的。在桃山时代，"书院造"发展到顶峰，当时是诸侯争霸的乱世，很多诸侯的府邸一直保留到今天，例如聚乐第、桃山城、二条城和名古屋城等。这些府邸的大门、书院、亭榭和茶室等，无论是从构思上，还是从艺术上，都是前所未有的具有独创性的杰作。

奈良时代和平安时代的建筑物强调豪奢与古典。镰仓时代和室町时代的建筑物受禅宗的影响，强调枯淡。桃山时代的建筑物发生了质的飞跃，在强调华丽绚烂的同时，又加入了一些独创性的元素。日本民族向来是一个崇尚简单素朴的民族，但到了桃山时代，这一民族特性似乎发生了变化。其实，日本民族性中的最根本的东西并没有发生变化，只是桃山时代的时势刺激整个日本民族进入一种亢奋状态的缘故。第一大原因就是国情的变化。室町时代，由于足利家族执政的不作为，日本国民萎靡不振，整个国家也陷入全面停滞的窘态。例如足利义满执政的时候，中国的皇帝封他为日本国王，结果他就欢呼雀跃，乐不可支，真乃实实在在的蠢货。足利义政执政的时候，地方战乱不断，可他依然沉迷于琴歌酒赋，即使皇居毁坏了，也没有能力去重建。在那样的社会环境下，整个国家变得萎靡不振也是必然。在腐败已经深入到骨髓的时候，如果不出现一位盖世无双的大英雄，那是根本不可能扭转乱局的。正是在这样的乱局下，织田信长横空出世。他火烧比睿山延历寺，将僧兵、僧徒杀得片甲不留，但他最终也没有实现统一日本的心愿。统一日本的重任落到丰臣秀吉身上。丰臣秀吉是一位融通无碍的伟人，善于权谋术数，还具有不屈不挠的意志，最终实现了日本的统一伟业。丰臣秀吉统一日本，仿佛给萎靡不振的日本国民注入了一剂强心针，瞬间迸发出蓬勃的生机，过去的一些惯例被打破，一些柔弱的制度和文化也被舍弃。在丰臣秀吉之前，关白一职一直都是由藤原家族来担任，而丰臣秀吉仅是尾张的一个普通农民，他一跃成为关白，这在当时简直就是破天荒的大事。普通百姓出身的加藤清正、商人出身的小西行长也都被委以重任，这在过去根本是无法想象的。官员的世袭制度被彻底打破，在早上你可能还是一个普通的浪人，如果你攻破了一座城池，那你在晚上就可能变为城主。建筑方面亦是如此，在旧的制度下，一些建筑师即使再有才能，也只能默默无闻，但在新的制度下，却可以充分展示自己的本领，很多人很快就脱颖而出，成为令天下人景仰的大师。在桃山时代，很多建筑师和艺术家不再墨守陈规，而是充分发挥自己的聪明才智，一大批具有独创精神的作品问世。

在这必须要指出的是，无论任何时代，无论任何人，对天皇的尊崇精神都没有丝毫的改变。前文已述，织田信长刚毅，丰臣秀吉磊落，德川家康阴险，三人性格各异，但是对天皇的忠诚却是一致的，都积极地重建或扩建皇居。在此之前，大内义隆也曾捐款修建皇居，上杉谦信也曾亲自来到京都献上修建皇居的费用。率土之滨，莫非王臣，无论山阳，还是北越，都没有任何的区别。

桃山时代的建筑特色与之前的完全不同，透出一股蓬勃的生机，体现着当时日本国民的勇气。统治者为了宣示自己的权力，会将建筑修饰得极尽豪华壮丽，而且当时的艺术家怀着满腔的热诚，也愿意去这样做。当时的邸馆建筑融合了雕刻和绘画艺术，体现出一种壮丽之美。之前的寺庙虽然也融合了建筑、雕刻和绘画三大艺术，但那完全是从宗教的角度出发的。桃山时代的邸馆则与其不同，是由统治者的意愿和当时的艺术发展水平所决定的。

在桃山时代的邸馆中，雕刻多用于隔窗、山墙顶端、蟇股、拳鼻等细节部位，而绘画则多用于屏风和天花板等部位。总之，这些装饰可以增加建筑物的美感。桃山时代的雕刻、绘画与之前的风格不同，手法大胆奔放，喜欢使用浓重强烈的色彩，如果稍有不慎，可能就会陷入怪畸卑俗的境地。当时的艺术家在创作时都非常具有独创精神，所以在存世的艺术作品中，几乎没有失败的例子。一个艺术家如果不具备独创精神，只是一味地求奇欺人、故弄玄虚，只为博取虚名的话，那他的创作就是基于邪心的创作，作品的外在可能看起来很精美，但其实都是拙劣的恶俗之作。与此相反，如果一个艺术家心无杂念，用自己的独创精神去创作的话，作品的外在可能不是那么完美，技巧方面也可能会存在缺陷，但人们依然会被其作品透露出的清新之气所敬服。桃山时代的艺术属于后者，而江户时代的艺术则属于前者。要想区分桃山艺术和江户艺术的话，那些乍看上去很美，多看一会儿就会觉得厌恶的作品，肯定就是江户艺术；而那些乍看上去不怎么样，越看越有味道的作品肯定就是桃山艺术了。

桃山时代的邸馆大部分都是"书院造"式。大厅是最高等级的接见场所，一般都会修得金碧辉煌，极尽奢华。大厅是典型的"楷书建筑"，要求严谨，不适于日常生活，所以在邸馆内部都会修建一些便于生活的建筑，亭榭就是其中的一种。

很难对亭榭下一个准确的定义，京都的金阁与银阁可以算作亭榭，京都西本愿寺聚乐第内的飞云阁也可以算作亭榭，此外还有很多其他的种类。丰臣秀吉建造了聚乐第，飞云阁就坐落在聚乐第内。丰臣秀吉的养子丰臣秀次出任关白之后，也曾住在聚乐第，后来因罪被丰臣秀吉赐死，聚乐第也就随之毁弃了，但飞云阁却被保留下来，交由西本愿寺管理。飞云阁是桃山时代的知名建筑，高为三层，结构精妙，内部的房间布局和配套设施透着一股行书般的温和轻快之感。

京都的鹿苑院金阁由足利义满所建，高为三层，与衣笠山相对，傍池塘而建，周围树木葱郁，建筑手法洗练，外观极为单纯简单，颇值得欣赏。慈照寺银阁由足利义政所建，也是傍池塘而建，规模较小，高为两层，是庭园内的一处点景建筑。

茶室在室町时代后期开始出现，在桃山时代逐渐完善，在江户时代得以普及，并一直延续到今天。总之，真正得到茶道精髓的还是桃山时代。茶最早是由最澄传教大师从中国引入日本，但没有普及开来。后来到镰仓时代初期，荣西又将茶和临济宗一并从中国带回日本，这才逐渐普及开来。到室町时代后期，足利义政痴迷茶道，并亲自设计了茶室，据说现存的慈照寺东求堂内的一个屋子就是他当年设计的茶室，因此足利义政也被奉为日本茶道的开山祖师。后来到桃山时代后，千利休发展并完善了茶道，茶室建筑也逐渐流行起来。唐人陆羽著有《茶经》，可以看出，中国人很早以前就已经有了饮茶的习惯。日本人则是从精神层面上体悟出茶道，并根据茶道的特点建造专门的茶室，从这一点也可以看出日本人温文尔雅的民族性。

茶室建筑是"草书建筑"，是日本所特有的一种建筑，以闲寂为主旨，是谋求超凡脱俗，进入闲寂清雅之境的修行道场。茶室建筑没有固定的形制，完全凭设计者的感觉，其建筑理念与当时强调浓艳豪奢的邸馆建筑正好相反，在恬淡中蕴含着一种无穷的高雅之趣。茶室之妙体现在对大自然的感悟之中，柱子不进行任何的加工，就使用最本真的圆木，有的甚至连树皮都不剥掉，要的就是原始素朴的雅趣。屋顶葺茅草或萱草，椽子和天花板用竹子搭建，不需要任何的修饰，也不需要刻意地去求美，简单中自然就会透出一种别致的美。茶室建筑是将原始建筑视为最高文化建筑这一理想的具体化。俗话说，"至愚则是至贤"，"一默如雷"说的也是这个道理。

茶室建筑在千利休手中得以完善，但后来随着时代的发展，茶室建筑越来越偏离千利休的初衷。遗憾的是，到江户时代，茶室建筑走向了一条堕落的不归路，茶道逐渐流入形式，机械性地去追求外在的礼仪程序，在一些无用的细枝末节上下功夫，反而破坏了茶道原有的雅趣，丧失了最初的素朴纯真。

茶道建筑是日本以外的诸民族所学不来的，可以毫不夸张地说，茶道建筑是日本所有建筑中最小的，同时也是最大的；是最简的，同时也是最繁的；是最粗的，同时也是最精的。茶室看似简单，其实蕴含的深意却是包罗万千。

　　茶室的代表作有很多，京都高台寺内的伞亭和时雨亭是桃山时代留下的佳作。此外，千利休建造的山崎的妙善庵、松尾的湘南亭和现在归三井家族所有的国府津的如庵等也都是茶室中的杰作。到江户时代后，据说是小堀远州在桂离宫内建造的茶室广受世人褒奖，其实这座茶室并不是小堀远州所作，而且与桃山时代的茶室相比，还是有很大的差距。

高台寺伞亭

高台寺时雨亭

桂离宫新御殿

8.6 城郭

日本城郭的历史可以追溯到上古时代，而且在奈良时代还出现了城栅。从"城"字的结构来看，左边是"土"，右边是"成"，可以看出"城"字的本意应该是用土堆成的土垒。"栅"字的本意是很多木头连在一起，主要用来抵御外敌。天智天皇在位时，在筑紫的太宰府还出现了水城。在当时，太宰府是主管日本与三韩、中国外交的专门机构，同时也是防御外敌的基地。水城位于太宰府的西北，筑堤蓄水，一旦敌人来袭，就掘开堤防，用洪水冲击敌人。水城的遗址现在还在。

我见过的城栅遗址位于羽后的后三年驿附近，人称"金泽栅"。"金泽栅"利用丘陵地势，在丘陵脚处挖三重壕沟，然后将挖出的泥土全部堆到壕沟的内侧，形成三重土垒。再在土垒上面建造城栅，城栅留出缺口以便建造城门，在丘陵顶部建造邸馆等其他建筑。后来，人们在壕沟内蓄水。其实最初的时候，壕沟内根本不蓄水，而是布设竹刺这样的障碍物。

城郭在平安朝和南北朝时代开始出现，到室町时代后期得以完善。日本的城郭分为平城、山城和水城等种类，但不管哪一种类，其平面布局大致相同，基本都是在城中心的外围挖出"本丸""二丸"和"三丸"三重壕沟，然后在壕沟内蓄水，每重壕沟的内侧建造石墙，并留有多座城门，在重点部位还要建造箭楼，在"本丸"内，也即城中心，还需要建造高达三层或五层的瞭望楼。天文十一年（1542），火枪从葡萄牙传入日本，促进了城郭建筑的极大发展。昔时的城栅开始变为土墙，被称为"多门塀"，墙上会挖出长方形、三角形和圆形的枪眼，以便瞄准敌人。

在桃山时代，城郭演变成一种建筑，并逐渐发展到顶峰。织田信长的安土城、丰臣秀吉的大阪城和伏见城、从德川家康开始一直到德川家光才建成的江户城等都是当时的杰作。现在仍有部分遗址被保存下来。在古代的城郭中，保存最完好的还是要数丰臣秀吉创建的姬路城，而瞭望楼最为有名的则是名古屋城。

原江户城

名古屋城瞭望楼

　　有人认为日本的城郭建筑是在中国和朝鲜的城郭建筑的基础上形成的，还有人认为城郭内的瞭望楼是受欧洲建筑的影响。对这两种观点我都不敢苟同，我认为瞭望楼、箭楼、城墙等建筑都是在日本固有的传统建筑的基础上逐渐发展形成的，和中国、西洋的城郭建筑存在很大不同。在中国，一家、一村、一城、一国都有用墙围起来的习惯。虽然日本和中国的城郭建筑存在相似的地方，但绝大部分还是不同的。再来说瞭望楼，欧洲的城郭建筑中就根本没有瞭望楼这种形制和结构的建筑，所以说瞭望楼是受欧洲建筑的影响有失妥当。在日本，也仅有明治维新前后在函馆建造的五棱郭是采用西式的城郭造型，现在剩下的也仅是一些遗址了。在桃山时代初期，瞭望楼的最上层都是木结构建筑，很显然这和西洋的建筑是完全不同的。千万不要以为多层建筑就是模仿西洋：早在室町时代，足利义满所建的金阁就已经达到三层，后来由于军事的需要，将建筑物增高到五层也是完全合理的。

城郭建筑是一种以防御敌人为目的的军事建筑，但日本的城郭建筑不仅要求牢固，还要求与周围的环境相协调，要选择风景优美之地来增添建筑物的美感。在现存的城郭中，保存最完好的就是位于播磨的姬路城。仰头望去，没有人不被它的美轮美奂所折服。城中心的大瞭望楼直冲天际，旁边的三座小瞭望楼紧紧簇拥着大瞭望楼，四周是数重的城墙，城墙的重点部位耸立着箭楼，中间开有多座城门，城内的建筑鳞次栉比，构成了一幅绝美的画卷。苍郁茂盛的老松错落于建筑物之间，更为姬路城增添了一番别样的景致，传递出一种难以用语言去形容的风情。任谁看到这番美景，都不会想到这里本是一处剑戟相交，充满血腥杀戮的军事设施，但当知道姬路城的真实用途后，剩下的可能就是一声叹息了。武士道的真髓是崇尚武道、精于文艺，以义勇奉公为荣，以卑怯懦弱为耻，并不把恶战胜敌视为能事。日本的城郭建筑就是武士道的象征，所以说城郭建筑是体现日本精神的纯日本建筑。

8.7 陵墓

陵墓是仪饰完备的高级墓葬，即在埋葬尸体的灵域上方所建造的特殊建筑。严格来说，"墓"指的是坟堆和墓碑，而"陵"指的则是在墓前建造的建筑物和仪饰等的总称。如果没有尸体的话，就不需要建造墓了，只需要建造一座陵，在内部供奉逝者的画像就可以。陵墓之制从上古时代就已经产生，一直延续至今。从古至今，墓的变化不大，但是陵却随着时代的变迁，发生了显著的变化，建筑样式越来越向着神社或者寺庙的方向发展。

日本现存的最古老的陵墓就是天皇和皇族等的陵墓，大都是圆坟，或者前方后圆坟（也被称为双坟）。在佛教传入后，墓塔开始出现。藤原镰足的陵墓位于多武峰，其中就有一座高达十三层的墓塔。在平安时代，文武高官惯用宝箧印塔或五轮塔当作自己的墓塔，这一习惯一直延续到近代。

关于陵墓的形制是何时完善的，现在还不清楚，不过在桃山时代，陵墓突然就变得流行起来。丰臣秀吉的陵墓在京都的阿弥陀峰，墓在山顶，葬有遗体，陵在半山腰，包括一大片殿宇。丰臣秀吉死后，朝廷赐给他的神号是"丰国大明神"，所以陵墓建得也和神社类似。丰臣秀吉夫妇的灵庙位于京都的高台寺，内部装饰有描金画。高台寺描金画可以说是日本古代描金画的杰作。

高台寺开山堂、灵屋、描金画

　　德川家康死后，朝廷赐给他的神号是"东照大权现"，最初葬在骏河的久能山，后来迁葬到下野日光山的东照宫。明治六年

（1872），东照宫被升格为别格官币社。除德川幕府第三代将军德川家光的大猷院外，德川家历代将军的陵墓都位于芝或上野。这些陵墓建筑看上去非常华丽，其实都是效颦桃山时代的建筑，用"颓废"来形容一点都不为过。有一段时期，世人普遍称赞日光山的东照宫是日本最美丽的建筑，这主要是因为刚愎自用的德川家光为了让祖父德川家康的陵墓胜过丰臣秀吉，命令负责建造东照宫的官员一定要比丰臣秀吉的陵墓建造得豪华数倍，其实东照宫有些滥用装饰，最终陷入一种浮华的境地。

日光东照宫唐门

　　总而言之，规模巨大的陵墓都是为达官贵人所建，所以建筑都要求壮丽华美，出现过度装饰的情况也就在所难免了。其实不只是日本，古今中外都是如此。跟古埃及的金字塔、小亚细亚的摩索拉斯王陵、罗马的哈德良陵墓（圣天使城堡）、中国的秦始皇陵和明十三陵比起来，日本的陵墓简直就是小孩玩具。日本和大陆的陵墓不能比体量，我们被大陆陵墓的魁伟所惊讶，同时大陆人也被我们日本陵墓的精巧所惊讶。自古以来，中国就崇尚厚葬，西欧在古代也崇尚厚葬，他们崇尚的都是物质层面的厚葬，而日本崇尚的则是精神层面的厚葬。

此外，还想谈一下日本的孔庙。孔庙不属于陵墓的范畴，是供奉孔子的专门场所。在奈良时代，吉备真备在太宰府建立了日本历史上第一座孔庙，但长期以来都没得到重视。到江户时代后，孔庙突然就变得热门起来，一些大的藩都建立了自己的孔庙，有的地方称其为圣堂。日本最大的孔庙是东京的汤岛圣堂，由德川幕府第五代将军德川纲吉根据朱舜水制作的中国孔庙模型所建，所以整体上还是参考了中国孔庙建筑的风格和样式。

汤岛圣堂香坛门

日本建筑是日本文化的一个重要组成部分，我们要关注建筑蕴藏的深层次的人文因素。将来的日本建筑要根据将来的日本国民的精神与思想去进行创建，不需要刻意去寻求建筑样式。

9

结论

9.1 日本建筑的再讨论

日本建筑是日本文化的一个重要组成部分，虽然在前文中我的介绍比较粗鄙，但日本建筑的脉络大致如此。

总之，日本建筑与日本的土地、民族和历史息息相关，是三者综合作用的结果。但遗憾的是，有些人仅是把建筑当作木石构筑物，认为建造建筑是轻而易举的事，只看到了建筑的形式，没有关注到建筑蕴藏的深层次的人文因素。不过现在改变也不迟，从今以后我们要扩大对日本建筑的着眼点，要慎重地去观察，要对日本建筑进行再讨论。

19世纪末，欧美传统建筑的发展面临死胡同。这时，一大批新的建筑学说开始出现，一批新的建筑也应运而生。大约在三十年前，日本的建筑师们开始跟在欧美建筑新学说的屁股后面起哄，甲论乙驳，莫衷一是。在欧美建筑界，构造派、历史派、印象派、合理派和机能派等建筑新流派如雨后春笋般不断涌现，彼此之间争得不亦乐乎。当时，德国牵头成立了一个国际建筑团，日本也立即迎合而上，我对这一团体是强烈反对的。后来，日本政府撤出国际联盟，德国也撤出国际联盟，国际建筑团就被下令解散了。本来冠以"国际"这一称呼的名词就不多，再说在建筑前面加上"国际"这一名号，也确实是不合道理。如果说欧洲几个国家组成个国际建筑团，那还说得过去，可你日本大老远的，偏要参与进去，这就实在说不通了。

　　日本在明治维新以后进入第三个觉醒时期，当时受外国建筑思潮的影响，国内建筑界的思想也发生了混乱。现在，这些空论妄说基本都消除了，但是留下的影响还依然存在。我们有必要制造一种良好的讨论氛围，通过认真讨论日本本来的建筑得出启示，最终探索得出日本建筑未来该走的路。此时写此文，我真的是有空谷足音之感啊！

	第一期	第二期								第三期		
中心建筑	神社建筑时代	佛教建筑时代								公共建筑时代		
分期	上代	前期				后期				明治	大正	昭和
		飞鸟	奈良	弘仁	藤原	镰仓	室町	桃山	江户			
各种建筑的兴衰	神社建筑 宫殿建筑 伊势神宫	佛寺建筑 法隆寺	唐招提寺 东大寺	金刚峰寺 平安大内里	法成寺 平等院 严岛神社	建仁寺 城堡建筑	东福寺金阁	桃山御殿 名古屋城 方广寺	桂离宫 日光庙	日本银行	海上大厦	公共建筑 宫殿建筑 神社建筑 佛寺建筑
宗教关系	神道	奈良六宗		天台宗 真言宗		禅宗		各宗				
外国影响	三韩	六朝—唐		日本化		宋—明		日本化		欧美		

9.2 日本建筑在世界中的地位

　　要对日本建筑进行再讨论，首先需要明确的就是日本建筑在世界中的地位，要把日本建筑放在全球视野下去讨论。在前文的有些章节中，我已经介绍过日欧建筑的异同。有人认为，"西洋有西洋之特色，日本有日本之特色，双方并无优劣之差，先决问题乃是以公平无私之视角去判定，对彼之长处不吝容之，对彼之短处不惮舍之。若如此，则我建筑界之进步指日可期矣"。这一观点，乍看上去，似乎很合理，但其实是一种非常不成熟的观点。即便日本取彼之长，则依然会招致他们的嘲笑与轻侮；如果日本舍己之短，可能连自己的一些优良传统也会被舍弃掉。人都有错觉，可能会把短处视为长处，也可能会把长处视为短处。更何况，别人真正的长处，自己也不是那么容易就能学得来；自己的短处也不是那么容易就能改掉。

　　日本皇国自开邦以来，就独自矗立于东亚，历经数千年的风雨，最终形成了自己光辉璀璨的文化。日本几乎没有遭受过外国的侵略，得以用自己独特的眼光睥睨着世界的变化。建筑亦是如此，坚持着日本独特的性格一直走到今天。日本建筑要想在不久的将来登上世界舞台，除了蓦然前行，别无他法，容不得半点缱绻逡巡。万物腐败而群虫聚之，人心弛缓而妖魔惑之，我们必须以不动之精神去坚守日本固有之建筑。

日本建筑是日本特有的建筑，应该在世界舞台上大放异彩。日本建筑要坚持自己特立独行的性格大步向前，要彻底摒弃欧美人一颦，自己就忧；欧美人一笑，自己就乐的丑态。说实话，欧美人对我们的评价那都是不值一提的胡言乱语，根本无足挂齿。

9.3 东西方建筑的对比

从明治初年开始算起，欧美建筑对日本的影响已经持续了八十年，国民对欧美建筑的礼赞思想可以说是病入膏肓，绝对不是那么容易就能清除的。明治中期以后，绝大多数日本国民都被欧美建筑迷惑得不轻，而谈起本国建筑那简直就是低劣的代名词。虽然在前文中已经反复强调日本建筑不是低劣的，但在本节中我还是想对东西方建筑做一番比较，让两者辨一辨雌雄。

明治九年（1876），英国的著名建筑史学家詹姆斯·弗格森所著的《印度及东亚建筑史》一书出版发行，立即轰动全世界。他在全书的末尾评价中国建筑："中国建筑非常低劣，根本不配称作建筑。中国是一个没有哲学、没有文学的国度，这也决定了它的建筑都是不合理的，就像小孩子的玩具一般。"然后，他又仅仅用了一句话去评价日本建筑："日本最善于吸收中国的糟粕，日本建筑根本不值得一提。"詹姆斯·弗格森根本就不了解中国，对日本也是毫无概念，仅凭自己的臆断就乱下结论，简直就是一个不知天高地厚的蠢货。但是，他的著作还是产生了很大的影响，导致一些有识之士，甚至一些无识之士都认为日本是一个极端未开化的野蛮国家。遗憾的是，即便被贬低成这样，日本的一些专家对此也没有任何只言片语的抗议。

大正十年（1921），英国的班尼斯特·弗莱彻所著的《世界比较建筑史》第六版出版发行。作者在开篇就画了一棵"建筑树"，用树来模拟世界建筑的兴衰分布，一目了然。他在书中写道："东洋建筑发端于印度、中国（包括日本）和美索不达米亚；西洋建筑发端于秘鲁和墨西哥，但这些早期建筑文明都凋落了，剩下的只是一些残骸而已。接下来，从古希腊、古罗马开始一直到近代，欧洲建筑枝繁叶茂，最终覆盖到全世界。进入现代以后，以美国为首的所谓的现代建筑最为昌盛。"可以看出，行文间充斥着对美国的谄媚嘴脸和对日本、中国的轻侮之态。他的著作遍布世界的角角落落，在日本，很多建筑师或者对建筑感兴趣的人也会去购买他的书籍。遗憾的是，没有一个人去指出他对东亚建筑的无知。即便是到昭和初期以后，欧美文化界的很多权威人士对日本的认识依然是——日本有自己的文化吗？日本文化不都是模仿中国的吗？

正因为如此，时至今日，欧美诸国依然认为日本是一个野蛮国家，认为日本建筑都是一些低劣的原始小屋，根本不配称为建筑。

我们今天在这里痛叹欧美人对日本建筑的不了解，其实一点实际意义都没有。即便是痛批日本建筑对欧美建筑的盲目模仿，其产生的效果又有几何呢？所以在本节的最后，我只是去列举水火不容的东西方文化，以及东西方建筑的根本特性，为大家去评判其善恶优劣提供一点参考。

	日　本	欧　美
根本原理	义、情、心、隐忍、谦让	利、理、物、无远虑、傲慢
生活样式	坐礼、以应对夏天为主、开放的	立礼、以应对冬天为主、密闭的
建筑构成	质良、静的态度、精细的做工、貌似无表情而简素的手法、清雅的趣味	量多、动的姿态、粗大的做工、表情丰富、繁缛的手法、猥杂的趣味
技巧原理	与自然和谐共处、手工之妙、非写实的图案、徒手画	与自然相抗争、器械之妙、写实的图案、器械画

9.4 将来的日本建筑

如果我们只是自豪于既往建筑的美丽特性和优良形态，以现代建筑尚处于过渡期为借口，对其混沌状态采取壁上观的话，那肯定有人会指责我们不负责任。不过，如果真有人明确指出将来的日本建筑的路该怎么走，并举出具体例子的话，那我也肯定没人会相信他。

对于将来的日本建筑，一直以来都是众说纷纭，从来就没有一个统一的结论。四十年前，建筑学会主办过一次以"将来的日本建筑"为主题的讨论，讨论分成了两派，甲主张"哥特式"，乙主张"文艺复兴式"，在最后少数服从多数，最终的结论是"文艺复兴式"。现在回想当年的讨论，恍如隔世。在当时，对建筑的讨论主要集中在样式上，而且提到建筑指的就是欧美建筑，其他各国的建筑根本就不被认为是建筑。大约在三十年前，建筑学会又主办过一次以"日本建筑将何去何从"为主题的研讨会，各种各样的观点，可以说是异彩纷呈，但其中条理清晰，能够自圆其说的也就仅有四个人。第一位是三桥四郎先生，他提出的是"折衷论"，认为应该将西洋建筑和东洋建筑的优点结合到一起，最终形成一种完美样式的建筑。第二位是长野宇平先生，他提出的是"欧化论"，认为日本建筑不如欧美建筑，建议全盘模仿欧美建筑。第三位是关野贞先生，他提出的是"独创论"，认为既往的日本建筑和现在的欧美建筑都不可取，主张建立一种全新的建筑样式。第四位就是鄙人了，我提出的是"进化论"，认为世界建筑是不断进步的，眼下欧洲的建筑其实就是从古代木结构的建筑进化而来。日本建筑最初是木结构，进化到今天依然是木结构，但在遥远的未来日本建筑可能会沿着与欧美不同的道路进化出一种独特的新样式。除了以上我们四个人的观点，佐野利器先生主张"混凝土论"，他列举了木结构建筑的各种缺点，认为将来的日本建筑必然会是具有抗震耐火功能的混凝土建筑。此外还主张，一些传统即便在过去发挥了优良的效果，如果在当前时代不适用的话，那就必须将其舍弃掉。

此次研讨会，除了建筑学家以外，还有很多旁听者。我们四人的言论无一例外都受到了大家的恶评。三桥四郎先生的"折衷论"被评价为颇显暧昧，不得要领；长野宇平先生的"欧化论"被痛批为缺乏日本人的骨气；关野贞先生的"独创论"被嘲笑为不切实际的空论；我的"进化论"被讽刺为在骚然之世中去考虑遥远的未来，是不知时势的、学究式的迂腐言论。

后来，像这样的研讨会就再也没有举办过，但是关于各个具体层面的研究会和谈话会还是举办了不少，建筑界是绝不可能将这一问题弃之不顾的。总之，对于建筑的样式，无论何时都不是由某个人所能决定的，而是由国情（即国民的生活和思想）所决定的。不是先有建筑，后有国民，而是先有国民，后才有建筑，所以说将来的建筑也必将由将来的国民所决定，绝不是我们在这里空谈理论就能决定的。

一个伟大的建筑师，凭自己的设计，确实可以建造出非常优秀的建筑，但如果让他去主持设计建造整个国家的各种各样的建筑，那是根本不可能完成的任务。根据不同的使用功能，建筑也需要做出相应的调整。例如，大城市中的公共建筑、普通住宅，农村中的民宅、神社寺庙等，它们的功能不同，对结构的要求也不同。正是这种不同才造就出建筑的万紫千红之美，才能使建筑放射出璀璨的文化之光。但是，日本土地上的各式建筑有一点是统一的，那就是所有建筑都是日本精神、日本设计和日本技巧的呈现。

各式建筑如果秉承的是日本精神，那我们就没有必要再去追究那些细枝末节。至于其材料，无论是木材也好，混凝土也罢，哪怕是石头或砖头，只要按照建筑物的需要去自由选择就好了；至于其结构，管它是纯日本式，还是在其中掺杂了中国风或欧美风，只要适用于建筑物就可以了。但前提条件是必须秉承日本精神，只要秉承日本精神，即使掺杂再多的欧美元素，那也是日本建筑；即使吸收再多的中国风格，那也是日本建筑。

总之，将来的日本建筑必然会根据将来的日本国民的精神与思想去进行创建，不需要刻意去寻求建筑样式，到时候自然而然就会形成了。

说到这里又出现一个问题，建筑的一半是科学，另外一半是艺术。俗话说科学无国界，如果在科学层面，日本建筑能够广泛吸收世界上先进的科学技术，同时在艺术层面又能够发挥日本特色的话，那敢情是最理想的状态。但是，这一想法有个严重的错误，科学无国界那已经是老皇历了，大约在十多年前，科学被断定为是有国界的。日本的科学不会成为欧美的科学，欧美的科学也不会成为日本的科学，更何况欧美的科学也并不优于日本的科学。所以说，我们在看待外国建筑的时候，采取风马牛不相及的态度则足矣。

后　记

　　对日本建筑真相的阐明，既是日本建筑的出发点，同时又是最终点，钻之越坚，凿之越深，绝不是依我辈之能力就能穷尽的。在我个人看来，建筑绝不仅仅是为个人而建，而是为社会、为国家而建，对社会无益、对国家有害的建筑，即使外形再完美，那也是失败的建筑。今天斗胆将自己的拙见集结成书，叙述杂乱，言辞粗笨，颇感惭愧。不再赘言，就此搁笔，静候诸君的批评与指正。